中国甘薯生产指南系列丛书

ZHONGGUO GANSHU SHENGCHAN
ZHINAN XILIE CONGSHU

甘薯
品种与良种繁育手册

全国农业技术推广服务中心
国家甘薯产业技术研发中心 主编

中国农业出版社
北 京

图书在版编目（CIP）数据

甘薯品种与良种繁育手册/全国农业技术推广服务中心，国家甘薯产业技术研发中心主编. —北京：中国农业出版社，2021.9（2023.8重印）
（中国甘薯生产指南系列丛书）
ISBN 978-7-109-28304-6

Ⅰ.①甘…　Ⅱ.①全…②国…　Ⅲ.①甘薯-品种②甘薯-良种繁育-手册　Ⅳ.①S531

中国版本图书馆CIP数据核字（2021）第103405号

中国农业出版社出版
地址：北京市朝阳区麦子店街18号楼
邮编：100125
责任编辑：李　瑜
版式设计：王　晨　　责任校对：吴丽婷　　责任印制：王　宏
印刷：北京中科印刷有限公司
版次：2021年9月第1版
印次：2023年8月北京第2次印刷
发行：新华书店北京发行所
开本：880mm×1230mm　1/32
印张：3.5
字数：85千字
定价：35.00元

中国甘薯生产指南系列丛书

编委会

胡良龙	钮福祥	段文学	侯夫云	贺　娟
秦艳红	柴莎莎	徐　飞	徐　聪	高　波
高闰飞	唐　君	唐忠厚	黄振霖	曹清河
崔阔澍	梁　健	董婷婷	傅玉凡	谢逸萍
靳艳玲	雷　剑	解备涛	谭文芳	翟　红

甘薯品种与良种繁育手册

编委会

主　编：李　强　张力科　马代夫

副主编：王庆美　曹清河　谭文芳　房伯平
　　　　贺　娟　冯宇鹏

编　者（按姓氏笔画排序）：

马代夫　王庆美　尹秀波　冯宇鹏　后　猛
刘亚菊　李　强　李爱贤　张力科　房伯平
侯夫云　贺　娟　曹清河　鄂文弟　谭文芳

提供图片和资料人员（按姓氏笔画排序）：

丁　凡　王庆南　王　钊　王雁楠　冯顺洪
兰孟焦　刘小平　刘兰服　刘志坚　刘明慧
刘新亮　李　云　李观康　李育明　李秋卓
李彦青　李洪民　杨爱梅　杨新笋　吴列洪
吴问胜　邱思鑫　何绍贞　何霭如　余小丽
邹宏达　辛国胜　张勇跃　张超凡　陈天渊
陈宇辉　陈选阳　陈胜勇　陈根辉　陈景益
武宗信　范建芝　林建强　季志仙　高文川
郭其茂　傅玉凡　谢一芝　谢家声

前　言

我国是世界最大的甘薯生产国，常年种植面积约占全球的30%，总产量约占全球的60%，均居世界首位。甘薯具有超高产特性和广泛适应性，是国家粮食安全的重要组成部分。甘薯富含多种活性成分，营养全面均衡，是世界卫生组织推荐的健康食品，种植效益突出，是发展特色产业、助力乡村振兴的优势作物。全国种植业结构调整规划（2016—2020年）指出：薯类作物要扩大面积、优化结构，加工转化、提质增效；适当调减“镰刀弯”地区（包括东北冷凉区、北方农牧交错区、西北风沙干旱区、太行山沿线区及西南石漠化区，在地形版图中呈现由东北—华北—西南—西北镰刀弯状分布，是玉米种植结构调整的重点地区）玉米种植面积，改种耐旱耐瘠薄的薯类作物等；按照“营养指导消费、消费引导生产”的要求，发掘薯类营养健康、药食同源的多功能性，实现加工转化增值，带动农民增产增收。

近年甘薯产业发展较快，在农业产业结构调整和供给侧改革中越来越受重视，许多地方政府将甘薯列入产业扶贫项目。但受多年来各地对甘薯生产重视程度不高等影响，甘薯从业者对于产业发展情况的了解、先进技术的掌握还不够全面，对于甘薯储藏加工和粮经饲多元应用的手段还不够熟悉。

为加强引导甘薯适度规模种植和提质增效生产，促进产业化水平全面提升，全国农业技术推广服务中心联合国家甘薯产业技术研发中心编写了“中国甘薯生产指南系列丛书”（以下简称“丛书”）。本套“丛书”共包括《甘薯基础知识手册》《甘薯品种与良种繁育手册》《甘薯绿色轻简化栽培技术手册》《甘薯主要病虫害防治手册》和《甘薯储藏与加工技术手册》5个分册，旨在全面解读甘薯产前、产中、产后全产业链开发的关键点，是指导甘薯全产业生产的一套实用手册。

“丛书”撰写力求体现以下特点。

一是2019年中央1号文件指出大力发展紧缺和绿色优质农产品生产，推进农业由增产导向转向提质导向。“丛书”着力深化绿色理念，更加强调适度规模科学发展和绿色轻简化技术解决方案，加强机械及有关农资的罗列参考，力求促进绿色高效产出。

二是针对我国甘薯种植分布范围广、生态类型复杂等特点，“丛书”组织有关农业技术人员、产业体系专家和技术骨干等，在深入调研的基础上，分区域提出技术模式参考、病虫害防控要点等。尤其针对现阶段生产中的突出问题，提出加强储藏保鲜技术和防灾减灾应急技术等有关建议。

三是配合甘薯粮经饲多元应用的特点，“丛书”较为全面地阐释甘薯种质资源在鲜食、加工、菜用、观赏园艺等方面的特性以及现阶段有关产品发展情况和生产技术要点等，旨在多角度介绍甘薯，促进生产从业选择，为甘薯进一步开发应用及延长产业链提供参考。

四是结合生产中的实际操作，给出实用的指南式关键技术、技术规程或典型案例，着眼于为读者提供可操作的知识和技能，弱化原理、推理论证以及还处于研究试验阶段的内容，不苛求甘薯理论体系的完整性与系统性，而更加注重科普性、工具性和资料性。

“丛书”由甘薯品种选育、生产、加工、储藏技术研发配套等方面的众多专家学者和生产管理经验丰富的农业技术推广专家编写而成，内容丰富、语言简练、图文并茂，可供各级农业管理人员、农业技术人员、广大农户和有意向参与甘薯产业生产、加工等相关从业人员学习参考。

本套“丛书”在编写过程中得到了全国农业技术推广服务中心、国家甘薯产业技术研发中心、农业农村部薯类专家指导组的大力支持，各省（自治区、直辖市）农业技术推广部门也提供了大量资料和意见建议，在此一并表示衷心感谢！由于甘薯相关登记药物较少，“丛书”中涉及了部分有田间应用基础的农药等，但具体使用还应在当地农业技术人员指导下进行。因“丛书”涉及内容广泛、编写时间仓促，加之水平有限，难免存在不足之处，敬请广大读者批评指正。

编　者

2020年8月

目　录

第一章

甘薯品种选育

甘薯自16世纪末传入我国，最初生产上利用的品种多为引进品种以及在长期栽培过程中形成的地方品种。长期生产实践表明，甘薯生产的发展是品种改良与生产技术改进的结果，其中，特别是品种改良对生产的推动作用是更为显著的。中国甘薯品种选育开始于20世纪初，早期以收集和评价地方品种与引进国外品种为主，直到徐薯18等一批优良品种的育成，才彻底改变了我国以种植国外品种为主的历史。进入21世纪以来，甘薯育种队伍逐步稳定和壮大，一大批专用型品种育成，并在生产上发挥重要的作用。

第一节　我国甘薯品种的选育历史与成就

一、我国甘薯育种历史

我国甘薯育种最早开始于20世纪初。到目前为止，我国甘薯育种工作大致可划分为4个时期。

第一个时期是从20世纪初至40年代末。该时期以收集、评价地方品种，引进国外品种为主，并开展少量的系统选种和有性杂交育种工作。

南方薯区：1907年，我国台湾地区开始用系统选种方法进行品种改良；1922年，台湾地区嘉义农业试验支所开始进行甘薯有性杂交育种工作；1932年，广东稻作试验场进行地方品种征集和有性杂交育种工作。此时期，台湾地区甘薯研究人员以高产、高淀粉为育种目标，育成了台农系列品种。

长江中下游薯区：20世纪30年代中期至40年代前期开始甘薯品种征集、鉴定工作，中央农业试验所及四川省农业改进所同时向国内外征集甘薯品种，开展甘薯品种试验及鉴定工作，并先后两次从美国引进南瑞苕。南瑞苕为南美洲农家品种，1936年从美国引入我国，由于战乱品种丢失，1940年从美国再次引入我国四川省，曾在四川省大面积推广种植，后传至全国各地。

北方薯区：以徐州农业科学研究所的前身江苏省立第二农事试验场最早开始甘薯品种引种试种工作。该试验场于1918年开始引进甘薯地方品种进行试种，其淮阴分场于1933年设立甘薯块系圃，开始进行系统选育。短短几年，田间种植的甘薯块系就达500系之多。1943年，江苏省立第二农事试验场设立原种圃并进行品种比较试验，筛选推广日本甘薯品种胜利百号（原名冲绳百号），并于1945年后，开始组织农家品种与胜利百号、南瑞苕等品种的比较试验。该时期引进的品种除胜利百号应用于生产推广外，未见有其他新品种选育成功的记载。胜利百号是1927年以七福为母本、潮洲为父本，通过有性杂交选育而成的，1933年定名为冲绳百号，1941年引入我国，1948年更名为胜利百号。该品种引入我国后，先在东北南部、华北各省种植，很快被推广到华中、华东、西南及西北等地。自此，胜利百号在相当长的时期内成为我国部分区域甘薯生产的主栽品种。

第二个时期是从20世纪40年代末至70年代末。该时期主要以高产兼顾抗病为育种目标，育种方法以有性杂交为主，有力地促进了甘薯新品种的改良，甘薯也成为当时的主粮，拯救了一代人。

1948年开始，北平农业试验场、华东农业科学研究所开始利用南瑞苕和胜利百号为杂交亲本，进行甘薯品种间杂交育种。

新中国成立后，各主产甘薯的省（自治区、直辖市）农业科学院（所）相继建立了甘薯研究机构。1958年，中国农业科学院在江苏省宿迁县成立了薯类研究所，1962年该所并入徐州农业科学研究所。四川、广东、广西、福建、湖南等省（自治区）也相继开展甘薯育种工作，利用胜利百号和南瑞苕做亲本，选育出华北系列、北京553、栗子香、遗字138、一窝红等甘薯品种近70个。

徐州农业科学研究所在新中国成立初期仍以地方品种的引种筛选为主，先后从徐州周边各县引进30多个农家品种和地方品种，经过比较试验选出小白藤、大白、大黄皮和胜利百号、九州7号等品种，于1950—1960年在徐州地区普及推广，并为开展有性杂交育种储备一批亲本材料。1959年建成短日照处理暗室和育种网室，开始甘薯株系有性杂交育种和筛选工作。1962年，中国农业科学院薯类研究所并入徐州农业科学研究所，随后相继选育出一系列甘薯新品种，分别在徐州及周边地区推广应用。此后徐州农业科学研究所甘薯品种选育工作逐步发展壮大。

高产、高抗根腐病、广适甘薯品种徐薯18的育成，一举淘汰了在我国“一统天下”40余年的胜利百号，有力地控制了甘薯根腐病的发生和蔓延。

图1　徐薯18

徐薯18是集高产、稳产、优质、抗旱、耐涝、高抗根腐病等优良性状为一体的淀粉型甘薯品种（图1），是迄今为止世界上累计推广面积最大的甘薯品种，也是我国唯一获得国家发明一等奖的甘薯品种。徐薯18由江苏省徐淮地区徐州农业科学研究所的盛家廉、袁宝忠、朱崇文等著名甘薯育种专家于1972年选用优质多抗品种新大紫作母本，短蔓结薯早品种华北52-45作父本，通过有性杂交选育而成，于1984年经国家品种审定委员会审定(GS05017-1984)。至1990年，先后通过河北、山东、河南、安徽、山西、陕西、浙江、吉林8个省审定，2018年通过农业农村部品种登记[GPD甘薯（2018）320063]。

徐薯18萌芽性优，中长蔓，分枝数中等，茎蔓较粗，叶片心齿形或浅复缺，顶叶和成熟叶均为绿色，茎绿带紫，叶脉色、脉基色和柄基色均为紫色；薯块纺锤形至圆柱形，紫红皮白肉，结薯早而集中，大中薯率高，食味品质较好；春薯烘干率30.0%左右，夏薯烘干率28.0%左右；耐贮性较好，高抗根腐病，抗茎腐病，感茎线虫病。春薯鲜薯亩产2 500千克左右，夏薯鲜薯亩产2 200千克左右。适宜在我国各大薯区作春夏薯推广种植，不宜在茎线虫病多发地种植。该品种高产稳产，综合性状好，作为有性杂交亲本，开花性好，结实率高，后代入选率高，是我国甘薯育种中应用最多的优良亲本。据不完全统计，利用徐薯18直接作亲本，通过国家或省级审（鉴）定的有60余个品种，到2017年，仍然有利用徐薯18作亲本选育的品种通过省级审（鉴）定。

徐薯18的推广有效地控制了甘薯根腐病的蔓延，在我国甘薯生产实践中发挥了显著的作用。在无病区，其鲜薯年产量较我国当时种植最广的胜利百号平均增产39.7%，薯干平均增产55.3%，增产极显著，在根腐病发病严重地区，其增产效果更大。1982年，徐薯18的种植面积已达1 598万亩*；1983年，其种植面积达到2 124万亩；1988年，全国甘薯良种种植面积5 210万亩，其中，徐薯18为2 510万亩，占全国甘薯良种种植面积的48.2%，此后其种植面积一直稳定在2 000万亩以上。据农业推广部门统计，徐薯18的种植面积约占我国甘薯良种种植面积的

* 亩为非法定计量单位，1亩=1/15公顷。——编者注

30%～50%。1978年，徐薯18获江苏省科学大会奖，1981年获农业部科学技术进步一等奖，1982年获国家发明一等奖（图2）。

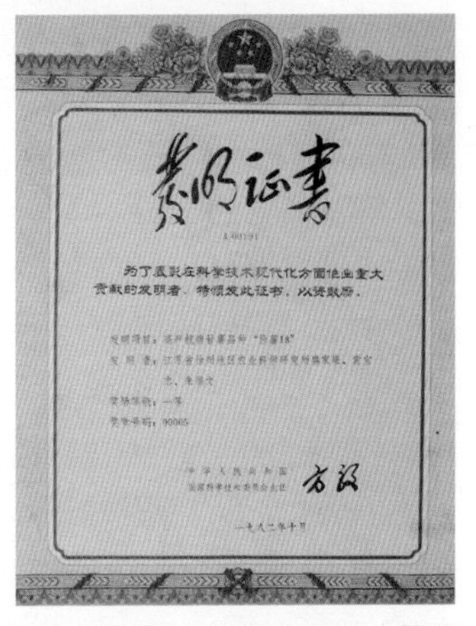

发明证书

为了表彰在科学技术现代化方面作出重大贡献的发明者，特颁发此证书，以资鼓励。

图2　徐薯18获国家发明一等奖

第三个时期是从20世纪80年代初至21世纪初。该时期育种目标不仅注重产量，同时注重品质，育成了一批专用型、兼用型的甘薯品种。这一时期甘薯品种类型主要以淀粉型、鲜食型、兼用型为主，育成通过审定品种超过15个（次）的省份主要有江苏、山东、河南、广东、福建，四川、河北等。

南薯88为该时期代表性品种（图3）。该品种为鲜食型品种，突出特点是综合性状好、适应性广、产量高、耐瘠薄、早熟性与熟食品质好；由南充市农业科学院于1980年以晋专7号作母本，美国红作父本，通过有性杂交选育而成，1990年通过国家审定（GS05001-1990），1992年和1995年分别通过湖南省和浙江省的品种审定。该品种萌芽性好，长蔓，分枝数4个左右，茎蔓中等粗细，叶片心脏形，顶叶绿色，叶片绿色，叶脉紫色，茎蔓绿色；薯形下膨纺锤形，淡红皮橘黄肉，结薯整齐集中，单株结薯2～3个，大中薯率高；早熟性、抗病性优于徐薯18，熟食品质优，鲜薯总糖含量14.6%，每100克鲜薯含维生素C 20.5毫克、维生素B_2 7.2微克、氨基酸812.25毫克；夏薯烘干率30%左右；耐贮性较好；抗黑斑病，抗旱性强，耐肥、耐贫瘠性强。夏薯鲜薯亩产2 200千克左右，薯干

图3　南薯88

亩产634千克左右；适宜在长江中下游薯区等适宜地区作夏薯种植。1990年，南薯88获得四川省人民政府一等奖，1992年获得国家科学技术进步奖一等奖（图4）。

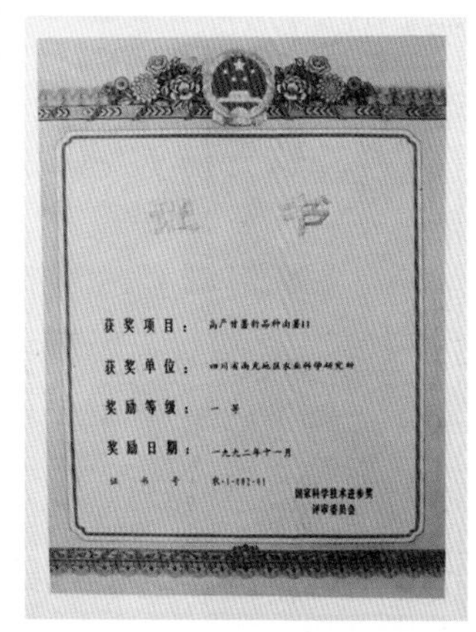

图4　南薯88获国家科技进步一等奖

第四个时期是从21世纪初至今。此时期甘薯品种类型更加丰富，除原有的品种类型外，特用型品种应运而生，紫肉型甘薯发展最快，其次是茎尖菜用型品种，在有甘薯消费习惯的南方地区，品种改良进度也较快。优质已是育种的主要目标，其次是高产、抗病、抗逆性强等。2008年12月22日，农业部启动第二批主要农产品现代农业产业技术体系建设，甘薯位列其中。江苏徐淮地区徐州市农业科学研究所为国家甘薯产业技术研发中心建设依托单位，截至2019年12月，国家甘薯产业技术体系共有1名首席科学家、24名岗位科学家和25个综合试验站团队，遗传改良研究室共有7名岗位科学家。

二、我国甘薯育种成就

1978年之前，国内各甘薯育种单位未正式开展区域试验，处于自发联合、互换品种进行比较试验的阶段。通过引进、系统选育、有性杂交育成一大批品种，在甘薯生产上发挥了重要作用。

自1978年起，受全国种子总站和中国农业科学院委托，徐州市农业科学研究所主持全国甘薯区域试验，由此拉开了甘薯品种审（鉴）定的序幕。1984年，国家通过了徐薯18、丰收白、鲁薯1号、新大紫、农大红、青农2号、豫薯2号和胜利百号第一批8个品种的审定；直到2002年，豫薯12、豫薯13、烟薯18、渝苏303、普薯23、广薯95-145、金山1255最后一批7个品种通过国家审定，共有39个甘薯品种通过国家农作物品种审定委员会审定（统计数据未包括我国台湾地区，下同），其中江苏省有11个品种，包括徐州市农业科学研究所育成（引进）的6个品种和江苏省农业科学院育成的5个品种，占该时期通过国家审定甘薯品种的28.2%，山东、河南、广东也分别有6个、6个和5个甘薯品种通过国家审定。据不完全统计，同时期有19个省（自治区、直辖市）开展品种审定工作，共有205个品种通过省级审定，其中通过审定品种较多的省份有福建（29）、山东（22）、四川（20）、河南（19）、广东（19）、河北（17）、湖南（14）、江苏（12）、浙江（11）等。品种审定时代，我国甘薯育种单位主要集中在江苏、山东、河南、福建、广东、四川、河北、湖南、安徽、浙江、北京等省（直辖市），育成通过省级以上审定品种217个（次），占同期全国省级及以上审定甘薯品种的88.9%。

2000年12月《中华人民共和国种子法》颁布实施，甘薯未被列为主要农作物，新育成品种国家不予审定。2001年，在全国农业技术推广服务中心的倡议和大力支持下，江苏省徐州市甘薯研究中心牵头筹备成立国家甘薯品种鉴定委员会，2002年开始运行，随后国家对甘薯新品种进行鉴定，2003年首批甘薯品种通过国家甘薯品种鉴定委员会鉴定，直到2016年最后一批甘薯品种通过国家鉴定，共有15个省份172个甘薯品种通过国家甘薯品种鉴定委员会鉴定（表1），其中北方薯区有64个，长江中下游薯区有53个，南方薯区的广东、福建、广西三个省（自治区）有55个。

2003年以来，全国有19个省份开展省级品种引进、筛选、审（鉴、认）定、登记、备案工作。福建省和四川省是两个省内认定甘薯为主要农作物的省份，甘薯一直实行审定制度。广东、山东、重庆、湖北等省（直辖市）在不同的时期采取甘薯审定制度。广西从2001年至2008年，取消广西甘薯品种区域试验，改为广西甘薯生产试验，选出的优良甘薯品种可进行登记；2009年开始恢复广西甘薯品种区域试验，选出的优良甘薯品种可进行登记和审定；2016年以后取消了广西甘薯品种区域试验。辽宁省将甘薯列为非主要农作物，对新品种审（鉴）定采取备案模式，由辽宁省非主要农作物品种备案办公室负责新品种的申报、评价及发证。浙江省从2004年开始恢复非主要农作物品种认定，2011年改成非主要农作物审定，2016年停止。江苏省从2005年起，将甘薯品种审定改为鉴定。

据不完全统计，全国共有340个甘薯品种通过省级审（鉴、认）定、登记或备案（表1），其中包括北方薯区9个地区的79个品种、长江中下游薯区8个地区的127个品种、南方薯区3个地区的134个品种。

国家对甘薯的重视和投入极大地促进了甘薯育种研究，淀粉型品种商薯19、徐薯22、川薯217，鲜食型品种广薯87、烟薯25、济薯26，紫肉型甘薯品种徐紫薯8号、宁紫薯4号，高胡萝卜素型品种浙薯81，茎尖菜用型品种福菜薯18，观赏型品种黄金叶等一大批专用型品种育成并在生产上发挥重要的作用。

表1　2003年至2016年我国甘薯品种审（鉴）定情况

薯区	审（鉴、认）定总数	国家审（鉴、认）定数	地区	省级审（鉴、认）定数	地区
北方薯区	143	64	江苏北部、山东、河南、安徽、河北、北京、陕西	79	山东、河南、江苏北部、陕西、辽宁、山西、吉林、新疆、北京
长江中下游薯区	180	53	江苏南部、重庆、浙江、湖北、四川、湖南	127	重庆、四川、江苏南部、浙江、贵州、湖北、湖南、江西
南方薯区	189	55	福建、广东、广西	134	福建、广西、广东
合计	512	172	15	340	19

注：重庆市审定品种数据统计到2019年。

三、在历史上发挥重要作用的甘薯品种

淀粉型品种徐薯18和鲜食型品种南薯88分别获得国家发明一等奖和国家科学技术进步一等奖，在生产上发挥了巨大的作用。此外，鲜食型品种北京553、遗字138、冀薯4号、苏薯8号、金山57、龙薯9号、普薯32，淀粉型品种豫薯13、渝苏303、商薯19等也在甘薯生产上发挥了重要的作用。苏薯8号、龙薯9号、普薯32、商薯19等依然在生产上有广泛的种植。

优质烤薯型甘薯品种北京553（图5）是原华北农业科学研究所以胜利百号为母本通过放任授粉选育而成的。该品种萌芽性好、植株半直立、叶浅裂复缺刻、顶叶色紫褐、蔓较短；薯块纺锤形，橘黄皮黄肉；夏薯烘干率24%左右，熟食味较好；抗茎线虫病，较抗黑斑病，重感根腐病，耐肥性较强。该品种产量高，鲜薯亩产2 000千克左右，高产可达4 000千克左右，生食甜脆，烤熟味极佳，曾是我国北方烤薯市场的主体品种。在我国北方薯区有一定的种植面积，适宜作春、夏薯种植，不宜在根腐病易发地种植。

优质食用型甘薯品种遗字138（图6）是由中国科学院遗传研究所1960年从胜利百号和南瑞苕杂交种中选育而成的。1983年通过北京市审定，1984年通过河北省审定。该品种萌芽性较好，顶叶、成熟叶、叶脉及叶柄基部均为黄绿色，脉基带紫色，

图5　北京553

图6　遗字138

叶形为浅复缺刻；中长蔓，茎蔓中等粗细，分枝数中等；薯块下膨纺锤形，土黄皮淡黄带橘红肉，结薯较多，薯块大小较均匀适中。烘干率26%左右，含糖量较高，蒸烤时口感好，熟食味优；耐贮藏性中等；适应性强，耐旱、耐湿、耐肥。适宜在北方薯区作春、夏薯栽培，目前在北京及周边地区还有小面积种植。

优质、高抗黑斑病鲜食型品种冀薯4号（图7）由河北省农林科学院粮油作物研究所1988年以鸡蛋黄和宝石杂交选育而成，1992年3月通过河北省审定[（92）冀（品审）字第1号]，同年9月通过国家审定，2018年4月，通过农业农村部品种登记[GPD甘薯（2018）130025]。该品种萌芽性较好，中长蔓，分枝数6个左右，茎蔓细，叶片心形带齿，顶叶绿色，叶片绿色，叶脉紫色，茎蔓紫色；薯块纺锤形，红皮红肉，结薯集中整齐，单株结薯4个左右，大中薯率高；富含胡萝卜素和可溶性糖，熟食甜面，蒸烤均可，还可用于薯脯加工；春薯烘干率27%左右，比对照品种徐薯18高1个百分点；耐贮性好；高抗黑斑病，耐旱性较弱，耐肥性强。春薯鲜薯亩产2 500千克左右；适宜在河北、山东、河南等适宜地区作春、夏薯种植，不宜在重茬病地种植。

高产、抗黑斑病优质鲜食型品种苏薯8号（图8）为蒸煮、烘烤型品种，突出特点是鲜薯产量高而稳定，是一个早熟、高产食用型品种。苏薯8号由江苏丘陵地区南京农业科学研究所于1988年通过苏薯4号和苏薯1号有性杂交选育而成。1997年

图7　冀薯4号

图8　苏薯8号

通过江苏省审定（苏种审字第276号），2001年通过河南省审定（豫审证字2001023号）。该品种萌芽性好，短蔓，分枝数8个左右，茎蔓较细，叶片深裂复缺，顶叶绿色带褐边，叶片绿色，叶脉绿色，茎蔓绿色；薯形纺锤形或短纺锤形，薯皮红色，薯肉橘红色，结薯集中，单株结薯5个左右，大中薯率高；春（夏）薯烘干率25.5%左右，比对照品种徐薯18低2.5个百分点；口感细腻无纤维，薯肉色泽鲜艳，熟食无胡萝卜味，风味较好，为华东地区主要鲜食品种；耐贮性好；高抗黑斑病，不抗茎线虫病及根腐病。春薯鲜薯亩产3 500～4 500千克，有的高产田亩产可达5 000千克，夏薯鲜薯亩产3 000千克左右；适宜在各种类型土壤种植，尤其适合在干旱、贫瘠的丘陵山区种植，不宜在根腐病易发地区种植。

高抗病、广适品种金山57（图9）为鲜食型品种，突出特点是高产、食味品质优、适应性广、抗逆性强、抗病性好，由福建农林大学于1987年利用C80和南徽7号有性杂交选育而成，1993年通过福建省审定，2018年通过农业农村部品种登记[GPD甘薯（2018）350064]。该品种萌芽性好，中蔓，分枝数13个左右，茎蔓粗细中等，叶片心形，顶叶绿色，叶片绿色，叶脉淡紫色，茎蔓绿色；薯形纺锤形，红皮黄肉，结薯集中，单株结薯4个左右，大中薯率高；食味品质优，肉质细腻，食味较香甜，质地中等；夏、秋薯烘干率27%左右，与对照品种新种花相当；耐贮性好；高抗蔓割病，高抗Ⅰ型薯瘟病，感Ⅱ型薯瘟病，田间调查抗黑腐病和根腐病。春薯鲜薯亩产3 500千克左右，薯干亩产945千克左右；秋薯鲜薯亩产

图9 金山57

2 500千克左右，薯干亩产675千克左右。适宜在我国南方福建、广东、江西等地作春、夏、秋薯种植，不宜在薯瘟重病区种植。该品种的选育与应用于1994年获得福建省科学技术进步二等奖。

高产、广适品种龙薯9号（图10）为鲜食、烤薯和地瓜干加工等多用型品种，突出特点是特早熟、超高产，由龙岩市农业科学研究所于1998年利用岩薯5号和金山57有性杂交选育而成，2004年通过福建省审定（闽审薯2004004）；2018年通过农业农村部品种登记[GPD 甘薯（2018）350047]。该品种萌芽性好，短蔓，分枝数9个左右，茎蔓中等，叶片心齿形，顶叶绿色，叶片绿色，叶脉淡紫色，茎蔓绿色；薯形纺锤形，红皮淡红肉，结薯集中整齐，单株结薯5个左右，大中薯率高；食味品质略低于金山57；秋薯烘干率21%左右，比对照品种金山57约低4个百分点；耐贮性较好；高抗蔓割病，高抗Ⅰ型薯瘟病，高感Ⅱ型薯瘟病。秋薯鲜薯亩产3 000 ～ 4 000千克，适宜在全国各地种植，并根据当地气象条件作春、夏、秋薯和越冬薯种植，但不宜在薯瘟病重病区种植。龙薯9号获得2008年福建省科学技术进步奖三等奖、2014—2016年全国农牧渔业丰收奖二等奖。生产上应季及时提早上市，发挥龙薯9号特早熟、高产的特性，可获取更高的经济效益。

图10　龙薯9号

优质、早熟、广适甘薯品种普薯32（图11）为多用型（鲜食、烤薯、加工等类型）甘薯品种。该品种具有早熟、优质、适应性广、胡萝卜素含量高、薯形美观、丰产性突出、稳产性好等优点。由广东省普宁市农业科学研究所于2002年利用普薯24和徐薯94/47-1杂交选育而成，于2012年6月通过了广东省农作物品种审定（粤审薯2012002）。该品种萌芽性较好，株型半直立，蔓长中等，分枝数较多；顶叶紫色，成叶绿色，叶形有心形和三角带齿形2种，叶脉、茎皆绿色，茎粗中等；薯块纺锤形，薯皮红色，薯肉橘红色（图12），薯块大小较均匀，结薯集中、整齐，单株结薯数5个左右，大中薯率84%左右，糖分含量高，食味品质好。秋薯鲜薯亩产2 000千克左右。广东薯瘟病抗性鉴定为中抗，福建薯瘟病抗性鉴定为Ⅰ型感病、Ⅱ型高感，高感蔓割病。不宜在薯瘟病、蔓割病、病毒病高发地区种植。

图11 普薯32综合表现

图12 普薯32薯块

高抗根腐病淀粉型品种商薯19（图13）突出特点是适应性广，淀粉含量高，由商丘市农林科学院于1996年利用豫薯7号和SL-01做有性杂交选育而成，2003年通过国家鉴定（国品鉴甘薯2003004）。

图13 商薯19

该品种萌芽性好，中蔓，分

枝数8个左右，茎蔓中等，叶片心形带齿，顶叶色微紫，叶片绿色，叶脉绿色，茎蔓绿色；薯形纺锤形，薯皮红色，薯肉白色，结薯集中，单株结薯4个左右，大中薯率高；食味品质好，淀粉品质优；夏薯烘干率30%左右，比对照品种徐薯18高2.4个百分点；耐贮性好；高抗根腐病、抗茎线虫病、不抗黑斑病。春薯鲜薯亩产7 000千克左右，薯干亩产1 000千克左右；适宜在北方薯区作春、夏薯种植，不宜在黑斑病易发地块种植，目前依然是北方薯区淀粉型品种的主体品种。

高产多抗、短蔓型品种豫薯13（图14）为淀粉型品种，突出特点是高产、高抗根腐病、短蔓，由河南省农业科学院粮食作物研究所利用济78066和绵粉1号有性杂交选育而成，2002年通过国家审定（国审薯2002002）。该品种萌芽性好，短蔓，分枝数8个左右，叶片深复缺刻，顶叶深绿色，叶片绿色，叶脉绿带紫色，茎蔓绿色；薯形纺锤形，紫红皮白肉，结薯集中、整齐，单株结薯5个左右，大中薯率较高；鲜基可溶性固形物含量3.25%、粗蛋白含量1.80%、粗纤维含量0.91%、维生素C含量299微克/克；夏薯烘干率28%左右；耐贮性好，抗旱性强；高抗根腐病，抗茎线虫病，高感黑斑病。夏薯亩产2 000千克左右，薯干亩产590千克左右；适宜在河南、河北、山东、江苏、安徽等适宜地区作春（夏）薯种植，不宜在黑斑病病发地种植。2008年获得河南省科学技术进步二等奖（图14）。

河南省科学技术进步奖
证　书

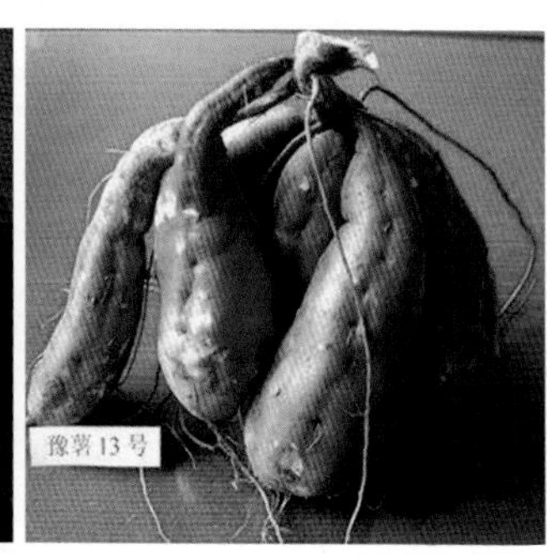

图14　豫薯13

多抗、广适淀粉型品种渝苏303突出特点是含有1/8甘薯近缘野生种*Ipomoea trifida*血缘，高抗茎线虫病、抗黑斑病和根腐病，由西南大学和江苏省农业科学院于1990年利用B58-5和苏薯1号有性杂交选育而成，1997、1998、1999、2000年分别通过四川省、重庆市、江苏省和江西省审定，2002年通过国家审定（国审薯2002006）。该品种萌芽性中上，中长蔓，分枝数5个左右，茎蔓较粗，叶片心脏形（少数叶缘有棱），顶叶绿色，叶缘带褐色，叶片深绿色，叶脉紫色，叶脉基部紫色，茎蔓紫带绿色（图15）；薯形下膨纺锤形或呈块状（图16），红皮淡黄肉（在少数土壤里薯肉带紫晕），结薯较整齐和集中，单株结薯2～5个，大中薯率较高；夏薯烘干率30%左右，比南薯88高2个百分点；耐贮性较好；高抗茎线虫病，抗黑斑病和根腐病。夏薯鲜薯亩产1 800千克左右，薯干亩产570千克左右；适应性较广，适宜在四川、重庆、江苏、江西等生态区作夏薯种植，较耐肥，不宜在特别瘠薄地块种植，2000年获重庆市科学技术进步奖二等奖。

图15 渝苏303地上部

图16 渝苏303地下部

第二节 甘薯品种选育

甘薯为短日照喜温作物，我国北方夏、秋季为长日照季节，甘薯一般不能正常开花，但品种之间差异较大，也有一些品种可以在北方自然开花（图17），比如高自1号、农大红、河北351、徐紫薯8号等。甘薯开花时进行杂交是甘薯育种的主要手段。

南方秋、冬季为短日照季节，因此，绝大多数甘薯品种此时种植在低纬度地区。例如在海南，甘薯会在自然条件下正常开花。北方地区可以在春季进行人工模拟短日照处理诱导开花，即每天光照8个小时，处理30天左右；嫁接甘薯近缘野生种也可以促进甘薯开花。另外，病害或干旱等胁迫条件也会导致某些甘薯品种开花。

图17　甘薯开花

一、甘薯品种选育方法

甘薯品种选育方法主要包括品种间杂交育种、种间杂交育种、系统选育、人工诱变育种等方法，其中杂交育种方法的前提是亲本能够开花。

（一）品种间杂交育种

甘薯品种间杂交育种是指甘薯栽培种内不同品种之间的杂交。主要有单交、多父本杂交、复合杂交和自由授粉等方式。单交是指以一个品种为母本，另一个品种为父本的固定组合成对杂交的方式。这种方式由于有较强的预见性，因此，是甘薯育种中育成品种最多的方式。以在审定时代通过国家审定的甘薯品种为例，39个品种中，通过一对一杂交育成的品种有35个，占89.7%；省级审定的品种中，143个品种利用该方法育成，占69.8%。因此，单交是当时占主导地位的育种方法。2003年以来，共有85个品种通过单交育成并通过国家鉴定，172个品种通过省级审（鉴、认）定，分别占同时期国家和省级审（鉴、认）定的49.4%和50.6%。因此，单交（有性杂交）依然是目前我国甘薯育种的主要方法。

多父本杂交是指同时用多个品种（系）的花粉给同一母本授粉。由于甘薯品种存在杂交不亲和群，即同群品种之间杂交不亲和，选用多个父本的花粉同时授粉，可以提高杂交的结实率。

复合杂交是连续采用优良中间材料作亲本进行若干世代的杂交，是单交的一种，也称为世代前进法。这种杂交方法有利于积累有利基因，实现优良性状的重组，从而更利于选到具有多种目标性状的品种。徐薯18的育成即采用了复合杂交方式。

自由授粉又称开放授粉，不进行人工杂交，节省用工。分为天然杂交、放任授粉、随机集团杂交和计划集团杂交。天然杂交是指若干个亲本混合种植，不去雄，不隔离，所结种子混合收获、混合播种，从中选择表现优良的个体。放任授粉与天然杂交类似，但分母本收获种子、栽植和筛选实生系。北京553、青农2号就是通过放任授粉筛选而来的。随机集团杂交是采用多个品种、品系为原始亲本在隔离条件下自由授粉，在每系植株等量收获种子，播种形成F_1混合群体。F_1混合群体继续在集团隔离条件下自由授粉，从各植株上等量采收种子进行混合，随机取出部分混合种子播种。前3代只注意保留原始亲本最优良性状，第四代以后按育种目标选择植株，混合收获入选植物所结的种子，作为下一代群体的播种材料。台农63至台农66、台农68至台农70等食用优良品种是随机集团杂交育成甘薯品种的代表。计划集团杂交是王铁华等提出的，按照不同的育种目标，组成若干不同的亲本集团，集团间实行隔离，集团内自由授粉，并在F_1代开始选择。以2003年以来通过国家鉴定的品种为例，利用计划集团杂交育成的品种为86个，占50%，其中，广薯87（图18）、烟薯25（图19）、济薯26（图20）等均是通过该方法选育而成的；340个通过省级审（鉴、认）定的品种中，有150个是通过计划集团杂交育成的，占44.1%。因此，计划集团杂交已成为近年来国内甘薯育种单位应用最多的育种方法之一，与单交（有性杂交）成为我国甘薯育种方法中占绝对主导地位的两大方法。

优质、高产、抗病品种广薯87（图18）为鲜食与淀粉兼用型品种，突出特点是结薯数多，大小均匀，薯形美观，商品薯率高，产量高、广适性好；由广东省农业科学院作物研究所2001年利用广薯69作亲本通过集团杂交选育而成。2006年通过国家甘薯品种鉴定和广东省品种审定（国品鉴甘薯2006004，粤审薯2006002），2009年通过福建省品种审定，2013年在新疆获得认定，2015年通过河南省品种鉴定，2017年获植物新品种保护权（CNA 20130145.7），2019年通过农业农村部品种登记[GPD 甘薯（2018）440079]。该品种萌芽性好，短蔓，分枝数7 ~ 11个，茎蔓细，叶形深复缺刻，顶叶绿色，叶片绿色，叶脉绿色，脉基色紫色，茎蔓绿色；薯形下膨或纺锤形，红皮橙黄肉，结薯集中，单株结薯5 ~ 9个，大中薯率高；薯身光滑、美观，薯块均匀，耐贮藏；蒸熟食味粉香、薯香味浓，口感好。根据国家南方区区试广州点分析，广薯87平均烘干率27.83 %，淀粉率19.75 %，可溶性固形物含量2.67 %，还原糖含量1.23 %，胡萝卜素含量33微克/克，维生素C含量243.6微克/克。国家南方区区试鉴定其抗薯瘟病和蔓割病；经河南省生产种植，表现出抗茎线虫病，感黑斑病，高感根腐病。夏秋薯鲜薯亩产2 500千克左右，薯干亩产750千克左右。宜在广东、福建、海南、广西、江西、湖南、河南、四川、贵州、重庆、山东、山西和新疆等省（自治区、直辖市）应季种

图18　广薯87

植，不宜在河北、山东等根腐病高发地区种植。

优质高产品种烟薯25（图19）为烤薯型品种，突出特点是品质好，食味品质优，干基还原糖和可溶性固形物含量高，分别为56.2微克/克和103.4微克/克。经农业农村部辐照食品质量监督检验测试中心测定，烟薯25黏液蛋白含量为1.12%（鲜薯计），比对照品种遗字138高30.2%。该品种是山东省烟台市农业科学研究院于2005年以鲁薯8号作母本，通过计划集团杂交选育而成，2012年通过国家鉴定（国品鉴甘薯2012001号），2012年通过山东省审定（鲁农审2012035号），2018年通过农业农村部品种登记[GPD 甘薯(2018) 370034]。该品种萌芽性较好，中长蔓，分枝数5 ~ 6个，茎蔓中等，叶片心形带齿，顶叶紫色，成年叶、叶脉和茎蔓均为绿色；薯形纺锤形，淡红皮橘红肉，结薯集中、薯块整齐，单株结薯5个左右，大中薯率较高；食味品质好，鲜薯胡萝卜素含量为36.7微克/克，干基还原糖和可溶性固形物含量较高，国家区试测定平均烘干率25.04%，比对照品种徐薯22低3.2个百分点，耐贮性较好，抗根腐病和黑斑病。春薯鲜薯亩产2 600千克左右；适宜在山东、河北、河南、安徽、江苏、辽宁、陕西、山西、内蒙古南部、新疆南部、吉林南部、北京、天津等适宜地区作春、夏薯种植，不宜在寒冷地区种植。烟薯25是目前最好吃的烤薯品种之一，其加工的地瓜干、冰烤薯、炸薯片品质非常好，市场反响热烈，前景较好。

图19 烟薯25

优质高产品种济薯26（图20）为鲜食及加工型甘薯品种，突出特点是产量高、增产潜力大、品质优良、抗病性好、抗旱、耐盐碱、耐贫瘠、适于机械化收获、适应性强，由山东省农业科学院作物研究所2008年从江苏徐淮地区徐州市农业科学研究所提供的以徐03-31-15作母本通过集团杂交收获的实生种中选育而成，2014年8月通过国家鉴定（国品鉴甘薯2014002），2018年通过农业农村部品种登记[GPD 甘薯（2018）370073]。该品种萌芽性较好，中长蔓，分枝数10个左右，茎蔓细，叶片心形，顶叶黄绿色带紫边，叶片绿色，叶脉紫色，茎蔓绿色；薯块纺锤形，红皮黄肉，结薯集中、薯块整齐，单株结薯4个左右，大中薯率较高；薯肉金黄，口感糯香，收获即食风味佳，糖化速度快，贮存后糯甜，既可蒸煮，又可烘烤，还可加工成薯脯、速冻薯块等；春薯烘干率26%～30%，夏薯烘干率22%～25%；耐贮性好；高抗根腐病、抗蔓割病和贮存期软腐病，茎线虫病抗侵入不抗扩散，感黑斑病。春薯鲜薯亩产3 000～3 500千克。宜在全国适宜甘薯种植地区作春、夏薯种植，不宜在高肥水的地段种植。近年来，济薯26在国家甘薯产业体系高产竞赛中多次获得北方区鲜食组冠、亚、季军，最高鲜薯亩产为5 650千克。

图20　济薯26综合表现

（二）种间杂交育种

甘薯种间杂交育种即利用甘薯近缘野生种或种间杂交种与

甘薯栽培种创造的种间杂种材料进一步与甘薯栽培种杂交，选育甘薯品种。甘薯属甘薯组近缘植物三浅裂野牵牛复合种，具有抗病虫、高淀粉含量、优良品质等基因，具有3种类型染色体数目，分别为$2n=2x=30$，$2n=4x=60$和$2n=6x=90$。种间杂交培育出了含1/8三浅裂野牵牛血缘的高淀粉、高产甘薯新品种南丰(即农林34)。成功的例子还有西南师范大学重庆市甘薯研究中心于1991年从江苏省农业科学院提供的杂交种中选育而成的甘薯品种渝苏303，同样含有1/8甘薯近缘植物三浅裂野牵牛的血统。河北农林科学院粮油作物研究所利用含有三浅裂野牵牛血缘的中间材料Y6作父本，与冀薯21-2杂交，连续育成了冀薯98、冀薯99和冀薯71等品种，2004—2009年分别通过国家甘薯鉴定委员会鉴定。

（三）系统选育

系统选育主要利用自然突变筛选新品种。自然突变是指在自然条件下，由于外界环境的变化和遗传结构的不稳定性，植物本身会发生突变，但是这类突变发生的频率较低。如张连顺等从抗薯瘟病的闽抗329中选育出了兼抗蔓割病、藤蔓旺盛的闽抗330；张永涛等、李培习等分别从高抗根腐病的徐薯18芽变体中选育出了兼抗茎线虫病的临选1号和富贵1号。通过国家审定的39个甘薯品种中，只有2个品种是通过系统选育育成的，其中，青农2号是从紫叶百号中系统选育而成，禺北白则是从农家品种系统选育而成；同时期省级审定品种中，则有19个品种通过系统选育而成，占9.3%。2003年以后，利用系统选育育成的品种中，有1个通过国家鉴定，即郑薯20，有16个通过省级审（鉴、认）定。

（四）人工诱变育种

诱变包括辐射诱变和化学诱变。辐射诱变的方式包括X射线、钴-60处理、80戈瑞 γ 射线处理、搭载返回式卫星进行空间诱变处理等。但诱发突变的方向难以控制，有利突变频率不高。诱变用于创制特异育种材料有较好的效果，但直接用于品种选育，效率较低，通过辐射诱变育种获得较好的高抗黑斑病的农大 601，抗线虫扩展、薯皮色同质、干物率高、食味品质优，还获得高含量胡萝卜素突变体的农大辐14，以及高淀粉、富含花青素的育种材料。化学诱变具有专一性强、突变频率高、突变范围大的特点，为多基因点突变，诱变后代的稳定过程较短，可以缩短育种年限。成功的例子有王芳等选育出品种适应性广、产量高、品质佳、抗性强的甬紫薯1号，2012年通过浙江非主要农作物审定。

二、甘薯品种的主要类型及划分标准

甘薯品种主要根据其用途划分为淀粉加工型、鲜食与食品加工型、紫肉型和特用型等类型。

1. 淀粉加工型品种 主要用于淀粉提取和淀粉制品生产，要求甘薯淀粉含量高，一般春薯淀粉含量超过22%，夏薯或秋薯淀粉含量超过16%。该类品种淀粉产量较高，抗病性较好，其他综合性状优良。

2. 鲜食与食品加工型品种 主要用于蒸煮、烤食或薯条、薯片、薯汁、薯粉等加工。该类品种熟食味优或加工品质优，粗纤维少，商品性好，鲜薯产量较高，抗病性较好，其他综合性状优良。

3. 紫肉型品种 主要用于蒸煮食用或薯条、薯片、薯汁、薯粉等加工。该类品种富含花青素，鲜食紫薯花青素含量>50微克/克，花青素提取品种花青素含量>600微克/克，熟食味优或加工品质优，粗纤维少，商品性好，鲜薯产量较高，抗病性较好，其他综合性状优良。

4. 特用型品种 该类品种类型较多，有高胡萝卜素型、蔬菜专用型、观赏型、药用型等。高胡萝卜素型品种胡萝卜素含量>0.1毫克/克，其他综合性状优良；蔬菜专用型品种食味品质优于同类型主推品种，茎尖产量较高，加工色泽鲜艳，不易褐变，其他综合性状优良；观赏型品种以观花和观叶（叶色、叶形）为主，繁殖能力强、耐逆性（高温、低温、涝、干旱等）强；药用型品种则富含特殊药用成分，能够辅助治疗人类的某些疾病。

（李强 刘亚菊 等）

主要参考文献

江苏徐州甘薯研究中心, 1993. 中国甘薯品种志[M]. 北京: 农业出版社.

雷书声, 1981. 甘薯主要优良品种彩色图谱[M]. 北京: 农业出版社.

陆漱韵, 刘庆昌, 李惟基, 1998. 甘薯育种学[M]. 北京: 中国农业出版社.

全国农业技术推广服务中心, 2005. 全国农作物审定品种名录[M]. 北京: 中国农业科学技术出版社.

《所志》编纂委员会, 2010. 江苏徐淮地区徐州农业科学研究所志[M]. 北京: 中国农业科学技术出版社.

第二章

淀粉型甘薯品种

淀粉型甘薯是甘薯品种的重要类型，是一类薯块中淀粉含量高，单位面积淀粉产量较高的品种。淀粉型甘薯品种用途广泛，主要用于淀粉提取和淀粉制品生产。

第一节 淀粉型甘薯品种的品质特点和营养成分

一、淀粉型甘薯品种的淀粉含量和品质

淀粉是由许多葡萄糖以糖苷键结合而成的高分子化合物，淀粉以白色固体淀粉粒的形式存在。甘薯是一种富含淀粉的作物，甘薯淀粉的含量占鲜重的6%～29%。淀粉型甘薯中，春薯淀粉含量一般超过22%，夏薯或秋薯淀粉含量超过16%。甘薯薯干中淀粉含量一般为36%～80%，淀粉型甘薯薯干中淀粉含量可达65%～77.8%。甘薯在贮藏过程中，淀粉会转化为单糖，为呼吸作用提供能量，从而导致淀粉含量降低，因此，薯块收获后，应及时进行淀粉摄取。甘薯淀粉由溶于水的直链淀粉和不溶于水的支链淀粉以及极少量的中间型多糖构成，直链淀粉的相对分子质量在5万～20万之间，相当于200～1 200个葡萄糖分子聚合而成，支链淀粉的相对分子质量在20万～60万之间，相当于1 200～3 600个葡萄糖分子聚合而成。不同品种来源的甘薯淀粉在理化性质、热力学特性及分子结构上一般存

在较大差异，导致甘薯粉丝制品存在较大品质差异。

二、淀粉型甘薯品种的营养成分

淀粉型甘薯块根中含蛋白质、糖类化合物、脂肪、维生素、黄酮类化合物和多酚类化合物等，以干物质计算，块根中粗淀粉含量可达65%～77.8%，粗蛋白含量达2.24%～12.21%，可溶性固形物含量达1.68%～36.02%，粗脂肪含量为0.20%～1.73%。

淀粉型甘薯块根中的氨基酸组成与稻米相似，但其必需氨基酸含量高，特别是稻米、面粉中比较稀缺的赖氨酸，在淀粉型甘薯根中含量较高。淀粉型甘薯同时富含矿物质和维生素，所含的钙、磷、铁等矿物质和维生素C被人体吸收后可以中和食用肉蛋等食物后产生的酸性物质，因此，淀粉型甘薯可以调节人体内的酸碱平衡。

第二节　淀粉型甘薯品种的利用

一、淀粉型甘薯品种区域种植特点

淀粉型甘薯品种广泛种植于北方春薯区、黄淮流域春夏薯区、长江流域夏薯区和西南薯区，主要用于淀粉提取和淀粉制品生产。北方春薯区、黄淮流域春夏薯区以大中型淀粉加工企业为主；长江流域夏薯区和西南薯区以小型淀粉加工企业或家庭加工作坊为主。淀粉型甘薯品种在淀粉加工企业或家庭加工作坊的周边种植较多，大型淀粉加工企业一般辐射半径50千米内的甘薯进行加工，中小型企业一般辐射半径20千米内，家庭加工作坊则是以加工自产或邻里生产的甘薯为主，部分种植户也把淀粉型甘薯作为食用。

二、淀粉型甘薯品种利用

淀粉型甘薯50%左右用于加工淀粉，再用淀粉加工成粉条、粉丝等淀粉制品，这是目前淀粉型甘薯最主要的用途；甘薯提取淀粉后的副产物甘薯渣，可以作为饲料或有机肥料，也可通过去杂、烘干、粉碎等处理得到水溶性膳食纤维，废液可提取蛋白质。淀粉型甘薯还可作为酒精、燃料乙醇、轻工及医药原料，也可用于食用或食品加工。

第三节　代表性淀粉型甘薯品种

近年来，我国各大薯区种植的代表性淀粉型品种有商薯19（见第一章）、徐薯22、济薯25、漯薯11、鄂薯6号、川薯217、渝薯27、湛薯12等。

高淀粉、多抗、广适甘薯品种徐薯22（图21）突出特点是适应性广、淀粉产量高。由江苏徐州甘薯研究中心1995年以豫薯7号为母本，苏薯7号为父本通过有性杂交选育而成。2003年通过江苏省农作物品种审定委员会审定，2005年通过国家甘薯新品种鉴定委员会鉴定（国鉴甘薯2005007)。2018年通过农业农村部品种登记[GPD 甘薯（2018）320061]。2003年被列为国家“863”重大科技项目“优质超高产作物新品种培育”课题，获国家新品种后补助。

图21　徐薯22

徐薯22萌芽性好，出苗快而多，薯苗健壮，采苗量多；顶叶绿色，茎绿色，叶呈心脏形略带缺刻，叶脉淡紫色，蔓长中等，地上部长势强；薯块下膨纺锤形，薯块膨大较快，红皮白肉，结薯较集中，单株结薯4～5个，大中薯率高；烘干率35.0%左右，淀粉率21.0%左右，粗蛋白含量5.0%左右，可溶性固形物含量为9.0%左右，均高于徐薯18；中抗根腐病和茎线虫病，不抗黑斑病，耐涝渍。适宜在我国长江流域薯区和北方薯区推广种植。夏薯鲜薯亩产2 300千克左右，比对照品种增产显著，薯干亩产700千克左右，比对照品种增产极显著。徐薯22淀粉含量比对照品种徐薯18和南薯88分别提高11.00 %和19.07 %。2011年最大推广面积为566.6万亩，截至2019年，累计推广面积5 328.3万亩，经济效益、社会效益和生态效益显著，2013年获农业部中华农业科技奖科学研究成果一等奖（图22）。

中华农业[illegible]技奖
证书

为表彰在我国农业科学技术进步工作中做出突出贡献的获奖者，特颁发此证书，以资鼓励。

项目名称：高淀粉多抗广适甘薯新品种徐薯22的选育和利用
奖励等级：一等奖
获 奖 者：江苏徐州甘薯研究中心（第1完成单位）

证书编号：KJ2013-D1-016-01

图22　徐薯22获奖证书

高抗根腐病、广适高淀粉型品种济薯25（图23），突出特点是淀粉含量高，黏度大，加工粉条不易断条，原料市场收购价格比普通淀粉型甘薯高30%～50%；抗根腐病、抗干旱能力突出；增产潜力大；由山东省农业科学院作物研究所于2006年以济01028作母本，通过集团杂交选育而成，2015年8月通过山东省农作物品种审定委员会审定（鲁农审2015037号），2016年5月通过国家鉴定（国品鉴甘薯2016002），2018年通过农业农村部品种登记[GPD 甘薯（2018）370050]。

图23　济薯25

该品种萌芽性较好，中长蔓，分枝数6～7个，茎蔓中等粗细，叶片为心形，顶叶、叶片、叶脉、茎蔓均为绿色，脉基紫色；薯块纺锤形，红皮淡黄肉，结薯集中，单株结薯3～5个，大中薯率高；淀粉黏度大，非常适合加工粉条，加工成的粉条不易断条、光滑、耐煮、有弹性。丘陵山地春薯烘干率38%～41%，夏薯烘干率为32%～35%，比对照品种徐薯22高4个百分点；耐贮性好；高抗根腐病，抗蔓割病，较抗黑斑病，高感茎线虫病。春薯鲜薯亩产2 500～3 000千克，薯干亩产1 000～1 200千克；在适宜地区作春、夏薯种植，不宜在茎线虫病重发地种植。近年来，济薯25在国家甘薯产业体系高产竞赛中多次获得北方区淀粉组冠、亚、季军，最高鲜产达到4 500千克，薯干亩产1 600千克。

优质、广适高淀粉型品种烟薯29（图24）突出特点是淀粉含量高、品质好、高产、稳产。由山东省烟台市农业科学研究院于2009年以烟薯24作母本，通过改良集团杂交选育而成，2016年通过国家鉴定（国品鉴甘薯2016001），2018年通过农业农村部品种登记[GPD 甘薯（2018）370034]。烟薯29萌芽性较好，中短蔓，分枝数6～7个，茎蔓中等，叶片心形，顶叶黄绿色带紫边，成年叶、叶脉、茎蔓均为绿色；薯块纺锤形，紫红皮白肉，结薯较集中，薯块较整齐，单株结薯4～5个，大中薯率较高；薯干洁白平整，食味品质较好，干基淀粉含量较高；烘干率34%左右，比对照品种徐薯22高5个百分点；耐贮性好；中抗蔓割病和根腐病。春薯鲜薯亩产2 400千克左右，薯干亩产850千克左右；适宜在山东、河北、河南、安徽、江苏北部、辽宁等地区作春、夏薯种植。烟薯29淀粉品

图24　烟薯29

质优秀，颜色白，色泽美观，淀粉黏度高，用于制作粉丝、粉条不易断条。中国科学院成都生物研究所研究表明，烟薯29的淀粉属于慢消化淀粉，用其制作的产品特别适宜糖尿病人食用。因此，烟薯29不仅单位面积淀粉产量较高，而且淀粉品质优秀，是一个优质高产品种，应用前景较为广阔。

郑红22（图25）突出特点是高产、高淀粉、高抗茎线虫病，由河南省农业科学院粮食作物研究所与江苏省徐州甘薯研究中心从徐01-2-9集团杂交后代中选育而成，2010年通过国家鉴定（国品鉴甘薯2010004），2019年通过农业农村部品种登记[GPD甘薯（2019）410014]。该品种萌芽性较好，中蔓，分枝数8个左右，茎蔓中等，叶片心形，顶叶和成年叶均为绿色，叶脉紫色，茎蔓绿色带紫；薯形短纺锤形，紫红皮橘黄肉，结薯集中、薯块较整齐，单株结薯3～4个，大中薯率一般；薯干平整，食味品质较好；烘干率35.1%，鲜基可溶性固形物含量11.7%，粗蛋白含量1.48%，粗纤维含量1.22%；该品种较耐贮藏；高抗茎线虫病，抗根腐病，中抗黑斑病；夏薯鲜薯亩产2 000千克左右，薯干亩产650千克左右；适宜在河南、北京、河北、陕西、山东、安徽中北部、江苏北部等地作春、夏薯种植，不宜在根腐病发病田块种植。

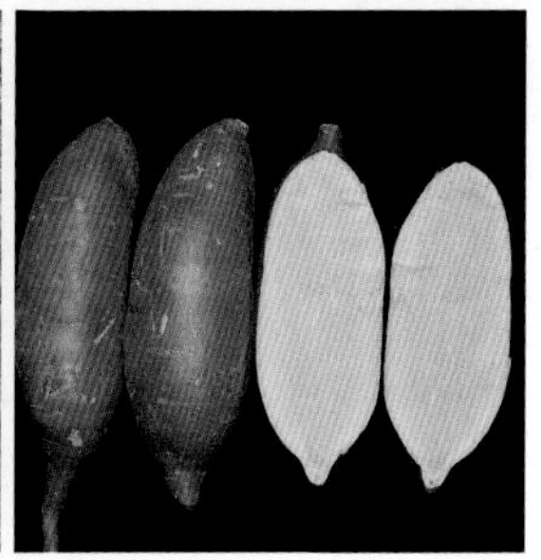

图25　郑红22

多抗、广适淀粉型品种漯薯11（图26）突出特点是抗多种病害、适应性广泛、不裂皮、耐贮性好，由漯河市农业科学院

图26　漯薯11

于2007年利用苏薯9号和漯105有性杂交选育而成，2015年通过国家品种鉴定委员会鉴定（国品鉴甘薯2015006），2018年通过农业农村部品种登记[GPD 甘薯（2018）410016]。该品种萌芽性较好，中蔓，分枝数7个左右，茎蔓中等偏细，叶片心形，顶叶紫色，叶绿色，叶脉浅绿色，茎蔓浅紫带茸毛；薯形纺锤形，红皮乳白肉，结薯较集中，薯块较整齐，单株结薯3～4个，大中薯率高；薯干洁白平整，食味品质中等，平均烘干率31%左右，比对照品种徐薯22约高2个百分点；耐贮性好；抗蔓割病，中抗根腐病，抗茎线虫病和黑斑病；春薯鲜薯亩产3 000千克左右，薯干亩产800千克左右；适宜在河南、河北、陕西、山东、江苏等北方薯区作春、夏薯种植。

图27　皖薯373

多抗、广适淀粉型品种皖薯373（图27）由安徽省农业科学院作物研究所和阜阳市农业科学院合作利用徐781集团杂交选育而成，2015年通过国家品种鉴定（国品鉴甘薯2015005）。该品种突出特点是萌芽性好，中长蔓，分枝数6～7个，茎蔓中等；叶片心形带齿，顶叶黄绿色带紫边，成年叶和叶脉均为绿色，茎蔓浅紫；薯形下膨纺锤形，红皮淡黄肉，结薯较集中，薯块较整齐，单株结薯3个左右，大中薯率高；食味品质好；较耐贮；夏薯烘干率28.80%，比对照品种徐薯22低0.53个百分点，淀粉率18.69%，比对照品种低0.47个百分点；中抗根腐病和黑斑病，感茎线虫病，中感蔓割病。春薯鲜薯亩产2 800千克左右，薯干亩产900千克左右；夏薯鲜薯亩产2 500千克左右，薯干亩产720千克左右；适宜在安徽、河北、陕西、山东、河南、江苏适宜地区种植，不宜在根腐病及蔓割病重发地块种植。该品种2017年获安徽省科技厅品种后补助。

高淀粉、多抗甘薯品种苏薯24（图28）由江苏省农业科学院粮食作物研究所利用南薯99和皖苏178有性杂交选育而成，2015年3月通过全国甘薯品种鉴定委员会鉴定（国品鉴甘薯2015002）。

图28　苏薯24

该品种萌芽性好，中短蔓，分枝数7个左右，茎蔓粗，叶片心形带齿，顶叶、叶片和叶脉均为绿色，茎蔓绿色，薯块短纺锤形，薯皮红色，薯肉淡黄色，结薯集中，单株结薯3个左右，大中薯率高；熟食干面味香；烘干率34%左右，比对照品种徐薯22高3个百分点；耐贮性好；高抗茎线虫病，中抗黑斑病，中抗根腐病，中抗蔓割病。夏薯鲜薯亩产2 300千克左右，比对照品种徐薯22增产3.5%左右；薯干亩产量770千克左右，比对照品种徐薯22增产13%左右；适宜在江苏、湖南、湖北、重庆、浙江、四川和重庆等地区作春、夏薯种植。苏薯24是一个短蔓、高淀粉、多抗型甘薯品种，目前正在长江流域薯区大面积推广应用。

高产、广适、淀粉型品种鄂薯6号（图29）突出特点是淀粉含量高，萌芽性优；由湖北省农业科学院粮食作物研究所2001年以97-3126作母本，岩薯5号作父本通过有性杂交选育而成，2008年通过湖北省审定（鄂审薯2008001），2018通过农业农村部品种登记[GPD 甘薯（2018）420074]。该品种萌芽性优、长蔓、分枝数7个左右，茎蔓中等，叶片心形，顶叶绿色，叶片绿色，叶脉绿色带紫，茎蔓绿色；薯形纺锤形，红皮白肉，结薯集中整齐，单株结薯4～5个，大中薯率高；春（夏）薯烘干率37.8%左右；耐贮性好；抗根腐病、高抗黑斑病和抗薯瘟病。春（夏、秋）薯鲜薯亩产2 300千克左右，薯干亩产780千克左右；适宜在湖北省及周边等适宜地区作春薯种植，不宜在茎线虫病重发地种植。

图29　鄂薯6号

高产、稳产淀粉型品种川薯217（图30）突出特点是高产、稳产、食味品质较优，中抗黑斑病，由四川省农业科学院作物研究所和重庆市农业科学院特色作物研究所于2004年以冀薯98作母本，力源1号作父本通过有性杂交选育而成，2011年通过国家鉴定（国品鉴甘薯2011007）。

图30　川薯217（图中标识为试验标识）

该品种萌芽性好，中蔓，分枝数6～8个，茎蔓中等，叶片心脏形，顶叶绿色，叶片绿色，叶脉绿色，茎蔓绿色；薯形短纺锤形，红皮白肉，结薯集中，单株结薯3～5个，大中薯率高；食味品质优良；夏薯烘干率30.96%，比对照南薯88高3.17个百分点，平均淀粉率20.58%，比对照品种高2.75个百分点；耐贮性好；中抗黑斑病。夏薯鲜薯亩产2 300千克左右，薯干亩产700千克左右；适宜在四川、江西、浙江、江苏南部等适宜地区作夏薯种植，不宜在茎线虫病病发区种植。

高淀粉、高产型品种渝薯27（图31）突出特点是淀粉含量和淀粉产量高，由西南大学于2008年利用浙薯13和万薯34有性杂交选育而成，2016年通过重庆市鉴定（渝品审鉴2016002）。该品种萌芽性中上，中长蔓，分枝数5个左右，茎蔓较粗，顶叶尖心形带齿、绿色边缘褐色，成熟叶心形带齿，绿色；叶脉紫带绿色，脉基紫色，叶柄绿色、柄基绿带紫色，茎绿色；薯形纺锤形，红皮淡黄肉，结薯较整齐、较集中，单株结薯4个左右，大中薯率较高；夏薯烘干率38%左右，比对照品种徐薯22高6个百分点；耐贮性好；抗蔓割病和黑斑病。夏薯鲜薯亩产2 200千克左右，薯干亩产850千克左右；适宜在重庆等地区作夏薯种植，不宜在根腐病、薯瘟病易发地区种植。

图31　渝薯27

广适、食味品质优的淀粉型品种湛薯12薯皮暗紫红色，薯肉黄色，薯身光滑较美观，薯块均匀，耐贮性较好，由湛江市农业科学研究院于2010年以广薯87作母本，通过集团杂交选育而成，2016年通过广东省审定（粤审薯20160003），2018年通过农业农村部品种登记[GPD 甘薯（2018）440017]。该品种萌芽性中等，中蔓，分枝数10个左右，茎蔓中等，叶片中复缺刻，顶叶浅绿色，叶片绿色，叶脉紫色，茎蔓绿色（图32）；薯形下膨，暗紫红皮，结薯集中整齐，单株结薯5～6个，大中薯率较高（图33）；食味品质优于对照品种，淀粉率22%左右；

秋薯烘干率31%左右；耐贮性好；中抗薯瘟病。秋薯鲜薯亩产2 200千克左右，薯干亩产690千克左右；适宜在广东等地区作秋薯种植。

图32　湛薯12地上部

图33　湛薯12薯块

（谭文芳　李强　等）

主要参考文献

江苏徐州甘薯研究中心, 1993. 中国甘薯品种志[M]. 北京: 农业出版社.
陆国权, 2003. 甘薯品质性状的基因型与环境效应研究[M]. 北京: 气象出版社.
阎文昭, 2010. 能源专用甘薯与燃料乙醇转化[M]. 成都: 四川科学技术出版社.

第三章

鲜食与食品加工型甘薯品种

鲜食与食品加工型甘薯是甘薯品种的重要类型，包括黄肉、橘红肉（其中高胡萝卜素型品种见第五章）、紫肉（见第四章）等类型，主要用于蒸、煮、烤食或薯条、薯片、薯汁、全粉、薯泥等产品生产。

第一节　鲜食与食品加工型甘薯的品质特点和营养成分

一、鲜食与食品加工型甘薯品质特点

鲜食型甘薯一般要选择薯形美观，商品性好，粗纤维少，蒸煮或烘烤后口感香、甜、糯、软，食味品质优，甜度高或者贮藏后淀粉较易转化为糖的品种。不同地区对鲜食型甘薯品种喜好有差异，比如京津冀地区易接受单薯重≥250克的长纺锤形红肉甘薯，蒸煮或烘烤后甜度高，比如烟薯25、普薯32等；江浙沪一带喜好黄肉迷你甘薯，蒸煮后色泽鲜艳，食味甜糯，比如心香等；广东及海南地区喜好稍干面口感的品种，比如广薯87、三角柠等。

食品加工型品种除了注重鲜食型品种的品质特点外，还要根据加工产品选择合适的品种类型，作为薯脯、烘烤原料，需选择甜度高的品种，还要考虑淀粉转化为糖的效率等品质性状；薯片加工则要选择低多酚氧化酶活性、高干率等品质达标的品

种，以保证色泽、成形度较好；全粉饮料加工选择甘薯品种时则需满足色素含量的相关要求。

二、鲜食与食品加工型甘薯营养成分

甘薯营养成分丰富，养分含量均衡，不仅是一种健康食品，还具有很高的药用价值。据《本草纲目》记载，甘薯有“补虚乏、益气力、健脾胃、强肾阴”的功效。清代古书《金薯传习录》记载，甘薯有6种药用价值：“治痢疾和泻泄、治酒积和热泻、治湿热和黄疸、治遗精和白浊、治血虚和月经失调、治小儿疳积”。当代《中华本草》记录，甘薯能“补中和血、意气生津、宽肠胃、通便秘，主治脾虚水肿，肠燥便秘”。我国民间也有甘薯治疗夜盲症、便秘和外伤等的说法。

甘薯块根中除了富含淀粉和可溶性固形物，还含有多酚类物质、膳食纤维、蛋白质、脂肪、维生素和矿物质（钾、钠、钙、镁、铁、锌、锰、铜等）等，以及对人体有益的保健成分(紫肉型甘薯中的花青素，橘红肉型甘薯中的胡萝卜素、黏液蛋白、脱氢表雄酮等)。与香蕉、玉米、高粱等作物比较，甘薯是维生素C、钙和β-胡萝卜素（维生素A前体物质）的主要食物来源，特别是黄肉和橘红肉品种中的胡萝卜素含量较高，橘红肉型甘薯100克鲜重中，胡萝卜素含量最高超过20毫克。与稻米、面粉相比，橘红肉型甘薯品种中总膳食纤维含量为5%～15%，其中可溶性膳食纤维含量最高超过7%，而甘薯中的粗纤维和膳食纤维具有很好的促消化作用。甘薯还含有稻米、面粉中缺乏的维生素C和维生素E，100克鲜薯中，维生素C含量最高超过25毫克。鲜食型甘薯薯干的可溶性固形物含量最高达36%。

甘薯块根中还含有丰富的蛋白质，薯干中蛋白质含量最高可达11%，包含18种氨基酸，其所含的人体必需氨基酸含量高于许多植物蛋白，苏氨酸含量远高于稻米、面粉中的含量，并富含稻米、面粉中比较稀缺的赖氨酸，具有较高的营养价值，其生物价值（衡量食物中蛋白质营养质量的一项指标）评分为72，高于马铃薯（67），大豆（64）和花生（59）。

甘薯块根中钾、钙等元素十分丰富，有助于维持人体血液和体液的酸碱平衡、水分平衡与渗透压的稳定，特别是钾元素，能够促进血液中过多钠的排出，促进机体矿物质的平衡，从而达到辅助降压、保护心脑血管和防止中风的作用。以橘红肉型甘薯为例，100克薯干中，钾含量最高超过1 300毫克，钙含量超过160毫克。同时，甘薯块根中铁、锌含量丰富，100克薯干中，铁含量最高超过6毫克，锌含量超过1毫克。

甘薯块根中的特殊保健成分十分丰富。酚酸、花青素和类黄酮等多种抗氧化成分能够有效减少人体内的自由基，从而降低诱发癌症的风险；糖胺聚糖蛋白有明显的免疫活性，能够有效预防心血管中脂肪沉积，防止动脉粥样硬化；甘薯中的脂质和糖类相结合产生的物质能够有效抑制胆固醇合成酶的活性。

第二节　鲜食与食品加工型甘薯品种的利用

一、鲜食与食品加工型甘薯品种区域种植特点

鲜食与食品加工型甘薯在我国适宜种植区均有种植。全国甘薯种植区一般可分为北方薯区、长江中下游薯区、西南薯区和南方薯区4大优势种植区，鲜食和食品加工型甘薯消费逐年增加，占全国甘薯生产量的35%左右。由《2020年甘薯生产技术指导意见》可知，北方薯区的甘薯种植面积占全国种植面积的30%左右，在20世纪曾是甘薯的主要产区，近10年来随着种植业结构调整，甘薯的鲜食和食品加工用比例不断提高，逐渐成为本区重要的经济增收和保健作物，冀中、鲁中、豫北、苏北、皖北、晋中、陕西关中等地区区位和交通优势突出，是北方薯区鲜食型甘薯的主要种植区域。长江中下游薯区和西南薯区成

为我国甘薯主产区，其种植面积占全国种植面积的50%左右，本区是优质、耐贮、专用型鲜食和加工型甘薯种植区。南方薯区包括南方夏秋生态区和南方秋冬生态区，甘薯种植面积占全国种植面积的20%左右，本区是以鲜食为主、食品加工为辅的甘薯种植优势区域。闽南、粤东、粤西、广西防城港、北海和海南岛等沿海地区是鲜食甘薯产业的集中优势带；闽西北、广西和广东丘陵山区是食品加工甘薯种植优势区域。

二、鲜食与食品加工型甘薯品种利用

随着人们生活水平的提高和保健意识的增强，人们对甘薯外观、营养和加工品质的要求越来越高。为满足人民群众对高品质甘薯的需求，多样化的甘薯产品也开始由低端向高端应用方向发展。

近些年，随着人们对甘薯营养成分和药用价值的深入了解，富含花青素或胡萝卜素的甘薯品种受到消费者的普遍青睐，甘薯也由原来的“救命粮”变成人们餐桌上的美味佳肴。如美国将甘薯的外观质量分为10级，1级甘薯商品性最好，薯块长度8～23厘米，粗5～8.8厘米，薯形好，薯块完整无瑕疵；薯块品质评价每项指标也分为10级。根据其评价标准可以看出，美国人偏爱深红色薯肉、肉质甜黏细腻、纤维少的品种；日本对鲜食甘薯外观质量要求基本类似于美国，市场偏爱皮色紫红、薯皮光滑周正，细长（长10～20厘米，粗4～8厘米）的薯块；品质方面则喜欢肉色黄而均匀、口感粉甜、纤维少的品种。目前在上海、杭州等地超市上推出一种迷你甘薯，即单个薯块重50～150克、质地细腻、风味浓的小型甘薯，很适合家庭微波烘烤或整个蒸煮，深受消费者喜爱，超市价格比普通甘薯高3～6倍。

甘薯的营养价值和保健功能得到认可后，人们越来越重视甘薯加工产品、保健品及其在食品工业上的应用。日本、美国、韩国等国家对甘薯食品的开发很重视，甘薯主要用来加工薯米(粒)、薯粉（含甘薯膨化粉)、薯面、脱水薯片（条、泥）等方便食品，以及膨化薯片、薯脯等休闲食品和甘薯饮料、甘薯罐头、甘薯酒等。如日本利用黄肉型甘薯和紫肉型甘薯等特色品种加工出不用掺加任何果汁的健康饮料，色泽鲜美，营养丰富；日本还有一种甘薯藤叶保健酒，以25%薯叶、25%藤蔓、50%薯块为原料，用蜂蜜酿制而成，其味酸甜、芳香宜人。我国甘薯食品的开发产品也有很多，主要分为发酵类和非发酵类。其中，发酵类食品主要是利用鲜薯或薯片酿造红酒、酱油、食醋、果啤饮料、乳酸发酵甘薯饮料、甘薯格瓦斯等；而非发酵类食品主要包括蜜饯类（如连城红心地瓜干、甘薯果脯、甘薯果酱等)、小食品类（如香酥薯片、油炸甘薯片、全粉膨化薯片、虾味脆片等)、糕点类（如甘薯点心、薯蓉及薯类主食品等)、糖果类（如软糖、饴糖等）和饮料类（如甘薯乳、雪糕等）等。此外，甘薯中花青素、胡萝卜素、多种维生素和膳食纤维等多种功能成分的提取，将被广泛应用于植物源保健产品的生产、功能性日常消费食品的开发等。

第三节　代表性鲜食与食品加工型甘薯品种

近年来，我国各大薯区种植的代表性鲜食与食品加工型品种有烟薯25、济薯26、苏薯8号、普薯32、广薯87、龙薯9号(见第一章)、黄玫瑰、徐薯32、苏薯16、川薯294、万薯10号、忠薯1号等。

高胡萝卜素鲜食型品种黄玫瑰（图34)，由中国农业大学于2009年以美国高产、高抗茎线虫病和根腐病，并且薯形、薯肉、干物率和发芽率等综合性状较好的优良品种Goldstar为母本，遗字138、徐薯18以及美国的Rose等15个品种为父本，通过集团杂交，获得其杂种后代，自2010年起对其杂种后代进行了连续5年的田间筛选、多点鉴定后选育而成，原系号为农大29-6。

2015年通过北京市种子管理站鉴定（京品鉴薯2015030）。该品种种薯萌芽性较好，中长蔓，分枝数6～9个，茎粗中等偏粗，叶片心形，顶叶淡紫色，成年叶绿色，叶脉紫色，茎蔓绿色带紫；薯形纺锤形，薯皮红色，薯肉橙黄色，结薯集中，利于机械收获，薯块较整齐，单株结薯4～6个，大中薯率较高；薯干光滑平整，食味品质良好，鲜薯淀粉含量12.7%，还原糖含量5.8%、胡萝卜素含量138微克/克；耐贮性好；高抗茎线虫病，抗黑斑病和根腐病。春薯鲜薯亩产2 500千克左右，薯干亩产量800千克左右；适宜在北京、天津、河北等地区作春（夏）薯种植。

图34　黄玫瑰

优质短蔓鲜食型甘薯品种徐薯32，突出特点是超短蔓、食用品质优、耐贮性好、萌芽性好等。由江苏徐州甘薯研究中心于2003年以徐薯55-2作母本，日本红东作父本通过有性杂交选育而成，2015年通过河南省鉴定（豫品鉴薯2015005），2018年通过农业农村部品种登记[GDP 甘薯（2018）320002]。该品种萌芽性好，短蔓，分枝数15个左右，茎蔓粗细中等，叶片浅缺刻，顶叶紫色，叶片深绿，叶脉紫色，茎蔓绿色带紫点（图35）；薯形纺锤形，紫红皮浅黄肉，结薯集中，单株结薯3～5个，大中薯率较高（图36）；薯形美观，熟食味佳，香、面且糯，适合鲜食与淀粉加工；春薯烘干率31%左右，比对照品种徐薯22高2个百分点左右；耐贮性好；抗蔓割病，中抗黑斑病及根腐病，感茎线虫病，综合抗病性中等。北方春薯鲜薯亩产3 000 ～ 3 500千克，夏薯2 000 ～ 2 500千克，适合在我国黄淮薯区及北方春夏薯区推广种植，不宜在茎线虫病病发地种植。

图35　徐薯32地上部

图36　徐薯32薯块

高抗黑斑病、广适鲜食型品种晋甘薯9号（图37），突出特点是自然开花，抗病，耐贮藏。由山西省农业科学院棉花研究所于2004年以晋甘薯5号作母本，秦薯4号作父本通过有性杂交选育而成，2011年通过山西省审定[晋审甘薯（认）2011002]，2019年通过农业农村部品种登记[GPD 甘薯（2019）140033]。

图37　晋甘薯9号

该品种萌芽性好，短蔓，分枝数6 ～ 7个，茎蔓粗，叶片心形，顶叶浅绿色，叶片绿色，叶脉浅绿色，茎蔓绿色；薯形长纺锤形，粉红皮淡黄肉，结薯集中，单株结薯4 ～ 6个，大中薯率高；熟食绵甜，粗纤维含量极少。淀粉率16.69%，粗蛋白含量1.76%，还原糖含量55.00%，可溶性固形物含量2.61%，胡萝卜素含量5.79微克/克；春薯烘干率37.70%左右；耐贮性好；高抗根腐病、黑斑病，中抗茎线虫病。春夏薯鲜薯亩产3 500千克左右；适宜在山西甘薯主产区运城、临汾、晋中等地区作春薯种植，不宜在山西忻州以北种植。

优质鲜食型甘薯品种苏薯16（图38），由江苏省农业科学院粮食作物研究所于2004年以Acadian为母本，南薯99为父本通过有性杂交选育而成，2012年3月通过江苏省甘薯品种鉴定（苏鉴薯201201）。该品种萌芽性好，中短蔓，分枝数10个左右，茎蔓粗，叶片心脏形，顶叶、叶片和叶脉均为绿色，茎蔓绿色，薯块长纺锤形，薯皮紫红色，薯肉橘红色，结薯集中，薯形光滑整齐，单株结薯5个左右，中薯率高；熟食黏甜风味佳，品质好；烘干率28%左右，比对照品种苏渝303低1个百分点；可溶性固形物总含量4.46%，胡萝卜素含量39.1微克/克，耐贮性好；抗黑斑病，中抗根腐病，不抗茎线虫病。夏薯鲜薯亩产2 100千克左右，比对照品种苏渝303增产5%左右；适宜在江苏、安徽、江西、重庆、浙江和河北等地区作春、夏薯种植，不宜在茎线虫病高发地区种植。2017年苏薯16获江苏省科学技术进步二等奖。苏薯16作为优质食用甘薯正在生产上大面积推广应用。

图38　苏薯16

特优质早熟食用型甘薯品种川薯294（图39），突出特点是食味品质特优、早熟，连续获得2018年和2019年“亿丰年杯”全国好吃甘薯比赛第一名，是目前国内甘薯食用和食品加工最佳品种之一，栽后100天就可以收获，抗黑斑病；由四川省农业科学院作物研究所于1981年以江津乌尖苕作母本，内元作父本通过有性杂交选育而成，1999年通过四川省审定（川审薯22号）。该品种萌芽中等，分枝数5～8个，茎蔓短，叶片心脏形，顶叶紫色，叶片紫色，叶脉紫色，茎蔓紫色；薯形纺锤形，淡红皮浅橘红肉，结薯集中，单株结薯3～5个，大中薯率中等；夏薯烘干率25%～28%，可溶性固形物含量7.1%，每100克鲜薯含维生素C 34毫克、类胡萝卜素1.652毫克；熟食风味浓、甜、软。耐贮性好；抗黑斑病。夏薯鲜薯栽后100天收获，亩产1 500千克左右，薯干亩产375千克左右；适宜在四川地区肥水较好的区域作夏薯种植。

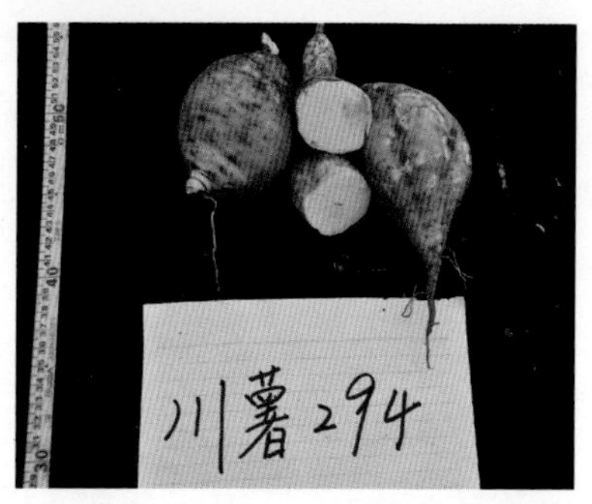

图39　川薯294

早熟优质迷你型鲜食甘薯品种心香（图40），突出特点是早熟、优质、商品性好、适应性广、适合机械化收获；由浙江省农业科学院和勿忘农集团于2000年以金玉（浙1257）作母本，浙薯2号作父本通过有性杂交选育而成，2009年通过国家鉴定(国品鉴甘薯2009008)，2010年通过广西壮族自治区登记[(桂)登(薯)2010001]，2012年通过山东省审定（鲁农审2012036号），2019年通过农业农村部品种登记。该品种萌芽性较好，短蔓，分枝数7～8个，茎蔓中等，叶片心形，顶叶绿色，叶片绿色，叶脉绿色，脉基紫色，茎蔓绿色；薯形纺锤形，紫皮黄肉，结薯浅而集中，单株结薯5个左右，大中薯率较高；食味香甜糯、口

图40　心　香

感细腻、纤维很少、手指般大小的小薯品质优异；夏薯烘干率32%左右，比对照品种南薯88高3个百分点；耐贮性较好；易感黑斑病。夏薯鲜薯亩产2 000千克左右；适宜在全国种植，其中，浙江以南地区适合双季种植迷你薯，广东、海南无霜区可周年种收，尤其适合冬种春收。

浙薯13为鲜食、淀粉及薯脯干加工两用型品种（图41），突出特点是鲜薯淀粉含量高，蒸煮时淀粉糖化度高；由浙江省农业科学院于1994年利用浙薯81和浙薯255有性杂交选育而成，2005年通过浙江省品种认定（浙认薯2005002号）。该品种萌芽性好，长蔓，分枝数5个左右，茎蔓中等，叶片心形，顶叶绿色，叶片绿色，叶脉紫色，茎蔓绿色；薯形纺锤形，红皮浅橘红肉，结薯集中，单株结薯3个左右，大中薯率高；表皮光滑、薯型美观，食味甜粉；夏薯烘干率35%左右，比对照品种徐薯18高3个百分点；耐贮性较好；抗蔓割病、中抗黑斑病。夏薯鲜薯亩产2 200千克左右，薯干亩产770千克左右；适宜在浙江等地区作夏薯种植，不宜在薯瘟病病发区种植。2013年，以浙薯13为核心成果的研究“甘薯优异种质创新及应用”获得浙江省科学技术一等奖，目前为浙江省甘薯主栽品种和薯脯干加工的主要原料品种。

图41　浙薯13

优质鲜食、水果型甘薯品种赣渝3号（图42），突出特点是生吃脆甜、无粗纤维、商品性好。由江西省农业科学院作物研究所于2007年利用渝6-3-9集团杂交选育而成，2014年通过江西省认定（赣认甘薯2014001）。该品种萌芽性好，中短蔓，分枝数8～10个，茎蔓中等，叶片心形，顶叶紫褐色，叶片绿色，叶脉淡紫色，茎蔓绿色；薯形纺锤形，深红皮橘红肉，结薯集中整齐，单株结薯5～7个，大中薯率高；鲜薯可溶性固形物含量5.89%、胡萝卜素含量60.8微克/克、维生素C含量为165微克/克，食味甜，无粗纤维，无论生食、蒸煮或烘烤，质地细腻，口感俱佳；夏薯烘干率26.9%左右，比对照品种广薯87低3.9个百分点；耐贮性较好；抗黑斑病、根腐病和薯瘟病，不抗软腐病。夏薯鲜薯亩产2 500千克左右，薯干亩产650千克左右；适宜在长江流域和南方地区作春夏薯种植，不宜在软腐病高发地和蛴螬危害严重的地块种植。

图42　赣渝3号

耐旱、抗病、广适型鲜用及食品加工型品种湘薯19（图43），由湖南省作物研究所于1998年以徐薯18作母本，Georgia red作父本杂交选育而成，2009年通过湖南省农作物品种审定委员会审定（XPD 016-2009）。

该品种中长蔓型，茎粗0.6厘米左右，茎紫色，单株分枝5～7个，顶叶浅紫绿色，叶片深绿色，叶形浅裂单缺刻，叶脉紫色，叶片大小中等，萌芽性好，采苗量多，苗床及大田长

图43　湘薯19

势强。结薯早，薯形美观，薯块纺锤形，薯皮淡红色，薯肉橘黄色，单株结薯3～4个，商品薯率高。薯块烘干率33.5%左右，淀粉含量22.7%左右，纤维少，总糖含量3.38%，粗蛋白含量9.15%（以干基计），每100克鲜薯中维生素C含量23.15毫克。耐旱、耐瘠薄，抗薯瘟病，中抗黑斑病。夏薯鲜薯亩产2 400千克左右，薯干亩产700千克左右。适宜湖南全省范围内及相似生态薯区种植，不宜在茎线虫病重发田块种植。

多抗鲜食型品种鄂薯11（图44），突出特点是高抗蔓割病，抗根腐病和茎线虫病；由湖北省农业科学院粮食作物研究所于2008年以心香作母本，通过集团杂交选育而成，2014年通过国家鉴定（国品鉴甘薯2014003），2019年通过农业农村部品种登记[GPD甘薯（2019）420006]。

图44　鄂薯11

该品种萌芽性优，中蔓，分枝数8～9个，茎蔓粗，叶片尖心形，顶叶绿色，叶片绿色，叶脉绿色，茎蔓绿色；薯形纺锤形，黄皮黄肉，结薯集中，单株结薯3～5个，大中薯率高；食味品质优；春薯烘干率27%左右，比对照品种低2.70个百分点；耐贮性好；高抗蔓割病，抗根腐病和茎线虫病，感黑斑病，中感Ⅰ型薯瘟病，高感Ⅱ型薯瘟病。春薯鲜薯亩产2 400千克左右，薯干亩产650千克左右；适宜在湖北、湖南、江西、重庆、四川、江苏南部等地区作春薯种植，注意防治黑斑病，不宜在Ⅰ型和Ⅱ型薯瘟病重发地种植。

万薯10号（图45）为鲜食型品种，薯肉橘红色，结薯集中、整齐，商品性好，熟食品质优；由重庆三峡农业科学院于2008年以绵粉1号作母本，通过集团杂交选育而成，2017年通过重庆市审定（渝品审鉴2017002），2018年通过农业农村部品种登记[GPD甘薯（2018）500040]。该品种萌芽性较优，中长蔓，分枝数5～6个，茎蔓中等，叶片心形，顶叶绿色，叶片绿色，叶脉绿色，茎蔓绿色；薯形纺锤形，紫红皮浅橘红肉，结薯集中、整齐，单株结薯6～7个，大中薯率高；食味性优，淀粉含量16.9%，鲜薯可溶性固形物含量4.76%、蛋白质含量1.45%、粗纤维含量1.2%；夏薯烘干率26%左右，比对照品种宁紫薯1号低4个百分点；耐贮性好；高抗黑斑病。夏薯鲜薯亩产2 500～3 000千克，薯干亩产650～800千克；适宜在重庆市甘薯种植区等适宜地区作夏薯种植。

图45 万薯10号

忠薯1号为鲜食及淀粉和食品加工型品种，突出特点是薯块黄肉、淀粉含量高，食味品质好，适宜鲜食，淀粉及粉丝加工和烤薯干加工；由西南大学于2005年以浙薯13作母本，川薯294作父本通过有性杂交选育而成，2014年通过重庆市鉴定（渝品审鉴2014002），2015年通过国家鉴定（国品鉴甘薯2015001），品种使用权已转让于企业。该品种萌芽性较优，中长蔓，分枝数5个左右，茎蔓中等粗细，叶片心形带齿，顶叶绿色，叶片绿色，叶脉绿色，叶脉基部紫色，叶柄绿色、叶柄基部浅紫色，茎蔓绿色（图46）；薯形纺锤形，红皮橘黄肉，结薯较整齐、较集中，单株结薯4个左右，大中薯率较高（图47）；食味面、糯、香；夏薯烘干率24%左右；耐贮性较好；高抗蔓割病，中抗黑斑病和茎线虫病。夏薯鲜薯亩产2 200千克左右，薯干亩产750千克左右；适宜在重庆、四川（成都除外）、江西、湖南、湖北、浙江、江苏南部等地区作夏薯种植，不宜在根腐病、薯瘟病高发地区种植。

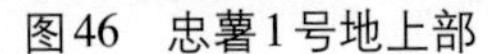

图46　忠薯1号地上部

图47　忠薯1号薯块

（李强　后猛　房伯平　等）

主要参考文献

雷鸣，卢晓黎，毛莉娟，2001. 我国甘薯食品开发现状及发展趋势[J]. 粮油加工 (11):12-14.

李春红，魏益民，2004. 甘薯食品加工及研究现状[J]. 中国食物与营养 (5):31-33.

秦成文，王莉莉，陈咏雪，2005. 鲜食商品甘薯开发现状与对策[J]. 河南农业 (6):44.

杨继，陆国权，陆智明，2008. 迷你甘薯研究和利用现状及其发展前景[J]. 作物杂志 (4):9-11.

周玲，1996. 甘薯与保健[J]. 中国食物与营养 (6): 47-48.

周郑坤，郑元林，2016. 甘薯营养价值与保健功能的再认识[J]. 江苏师范大学学报(自然科学版), 34(4):16-19.

Bovell-Benjamin A C, 2007. Sweet potato: a review of its past, present, and future role in human nutrition[J]. Advances in Food and Nutrition Research, 52:1-59.

Chandrasekara A, Josheph T, 2016. Roots and tuber crops as functional foods: A review on phytochemical constituents and their potential health benefits[J]. International Journal of Food Science, 1:1-15.

Wu Q, Qu H, Jia J, et al., 2015. Characterization, antioxidant and antitumor activities of polysaccharides from purple sweet potato[J]. Carbohydrate Polymers, 132:31-40.

第四章

紫肉型甘薯品种

紫肉型甘薯是一类薯块肉色为紫色的优异品种类型。紫肉型甘薯块根中富含花青素，具有较强的抗氧化能力，能清除人体内有害的自由基，在抗突变、抑制肿瘤、保护肝脏等方面发挥重要生理功能。随着社会发展进步和生活水平提高，紫肉型甘薯越来越受到消费者的喜爱，并在鲜食及食品加工、化妆品、医药保健等领域发挥着重要作用。由于紫肉型甘薯市场价格较高，农民愿意种植；加工产品丰富，企业乐意加工；保健功能强，市民愿意食用，因此，紫肉型甘薯的种植面积逐年扩大，已成为甘薯产业的新亮点。

第一节　紫肉型甘薯品种的分类和特点

花青素广泛存在于27科72属植物中，比如人们常见的葡萄、紫甘蓝、桑葚等，已鉴定出630多种植物富含花青素。甘薯薯块积累大量花青素时，就呈现紫色，这就是人们看到的紫薯。1984年出版的《全国甘薯品种资源目录》中，共收录农家种589份，其中26份农家种的薯肉表现不同程度紫色，占4.41%，4份薯肉完全为紫色，即雪薯、雍薯、紫心、紫肉；收录甘薯育成品种337份，其中30份育成品种的薯肉表现不同程度紫色，占8.90%，2份薯肉完全为紫色，分别为广76-15和湛59。该书是20世纪70年代末开始编辑出版，由此可见紫肉型甘薯的存在由来已久。

我国甘薯种质资源拥有较丰富的紫肉材料，利用常规杂交和集团杂交可以快速积累花青素，通过多年多点鉴定选育紫肉型甘薯品种。甘薯转基因技术目前还停留在研究阶段，没有任何一个国家能利用转基因技术育成甘薯紫肉品种。国家对转基因品种的管理是非常严格的，即便是从实验室到试验田也要经过严格的批准手续，到大田试验手续就更加复杂，直至今天甘薯转基因技术仅限于个别基因功能验证，但绝无一例可成为生产上可利用的品种。

一、紫肉型甘薯品种的分类

紫肉型甘薯根据薯块中花青素的含量和用途，可以分为两类，一类是鲜食型紫肉甘薯，在2016年以前的国家甘薯品种鉴定标准中，这类品种要求鲜薯花青素含量大于50微克/克；鲜薯产量较高，结薯整齐集中，大小均匀，单株薯重100 ~ 250克；薯皮光滑，薯形美观，薯块商品性、耐贮性较好；熟薯可溶性固形物含量高，蒸煮食味好；中抗1种及以上主要病害。另一类是高花青素型品种，要求鲜薯花青素含量大于400微克/克，干率较高，中抗1种及以上主要病害，薯块耐贮性较好；这类品种主要用作花青素提取、薯粉加工等。

二、紫肉型甘薯品种的特点

鲜食型紫肉甘薯品种要求可溶性固形物含量高，熟食味品质好。相关研究表明，花青素含量和熟薯可溶性固形物含量是紫肉甘薯的重要食用品质指标，薯块的花青素含量过高有苦涩味，从而导致其食用品质下降，因此，鲜食用紫肉甘薯花青素含量不宜过高；相关分析还表明，花青素对紫肉甘薯食味指标的不利影响是多方面的，不仅对甜度和香味有极显著的不利影响，对质地也有一定的不利影响。大量的研究表明，鲜薯可溶性固形物含量与食味品质相关性很小，因此，鲜薯可溶性固形物含量作为甘薯食用品质的评价指标并不客观。吴列洪等通过对357个后代品系蒸煮前后的还原糖、可溶性固形物及其甜度进行分析，表明甘薯甜度主要来自蒸煮过程中产生的糖分而非鲜薯糖分，熟薯可溶性固形物含量与甜度具有较高的相关性和品种间差异性，更适合作为甘薯甜度评价指标；沈升法等以276份紫肉甘薯品系为研究对象，发现熟薯可溶性固形物含量与甜度、黏度、质地、食味总评存在极显著的正相关关系，是对紫肉甘薯食味品质极其重要的有利影响因子。同时，鲜食型紫肉甘薯品种要求薯块商品性好，耐贮性好，抗病性强，这样才能保障种植效益；用于薯条、薯片加工时，也要求薯块商品性要好。

宁紫薯4号是较好的鲜食型紫肉品种（图48），由江苏省农业科学院粮食作物研究所于2008年以徐紫薯5号为母本，宁紫薯1号为父本通过有性杂交选育而成，2016年3月通过国家甘薯品种鉴定（国品鉴甘薯2016012）。该品种萌芽性好，中短蔓，分枝数6个左右，茎蔓粗，叶片心形带齿，顶叶紫褐色，叶片和叶脉均为绿色，茎蔓绿色，薯块短纺锤形或球形，薯皮紫红色、薯肉紫色，结薯集中，薯形光滑整齐，单株结薯5个左右，中薯率高；熟食黏甜风味佳，品质好；烘干率29%左右，比对照品种宁紫薯1号高2个百分点；花青素含量207.2微克/克，胡萝卜素含量35.1微克/克，是一个既含胡萝卜素又含花青素的优质紫肉型甘薯品种；抗茎线虫病，抗黑斑病，中抗蔓割病，不抗根腐病。夏薯鲜薯亩产2 250千克左右，比对照品种宁紫薯1号增产14%左右；适宜在江苏、浙江、江西、湖南、湖北、重庆和安徽等地区种植，不宜在根腐病重发区种植。宁紫薯4号薯块短纺锤形或球形，适合机械化收获，该品种作为优质特色紫

图48　宁紫薯4号

肉型甘薯品种正在生产上大面积推广应用。

高花青素型甘薯是指薯肉为深紫色、紫红色、紫黑色等颜色较深的品种，适宜薯汁、薯粉等加工。一般来说，肉色越深，花青素含量越高。在兼顾产量的同时，花青素含量越高越好，同时要求淀粉含量高，薯粉加工得率高。作为一种天然食用色素，甘薯花青素因其原料产量高、成本低、稳定性好等优点，适合多种产品的开发利用。

徐紫薯8号是优质鲜食及加工型高花青素甘薯品种（图49），其突出特点是高产广适、优质早熟、用途广泛。由江苏徐淮地区徐州市农业科学研究所于2008年以徐紫薯3号为母本，万紫56为父本，通过有性杂交选育而成，2018年通过农业农村部非主要农作物品种登记[GPD 甘薯（2018）320033]。该品种萌芽性较好，中短蔓，分枝数14个左右；叶片深缺刻，成熟叶绿色，叶脉绿色，顶叶为黄绿色带紫边；薯块紫皮深紫肉，薯形长筒形至长纺锤形，结薯较集中，大中薯率高；较耐贮。

图49　徐紫薯8号

徐紫薯8号高产广适。2014年至2017年，4年23点、多年多点次夏薯鉴定，平均鲜薯亩产2 100千克左右，平均薯干亩产600千克左右，平均淀粉亩产400千克，比对照品种宁紫薯1号增产极显著；夏薯烘干率29%左右，比对照高4个百分点左右；平均淀粉率20%左右，比对照品种高3.5个百分点左右。2017年至2018年，在江苏、河南、山东、福建、新疆中部、内蒙古南部、河北等地示范种植，夏薯鲜薯亩产2 300千克左右，春薯3 200千克左右。适宜在北方薯区适宜地区作春、夏薯种植，不宜在根腐病重发地种植。

徐紫薯8号优质早熟。贮藏后可溶性固形物含量可达6%以上，蒸煮后口感香、糯、粉、甜。鲜薯花青素含量高达800微克/克以上，主要成分为矢车菊素和芍药花素，占总量的90%以上。该品种结薯早，2018年在河北等薯区一年两季种植，大田生长期90天左右，鲜薯亩产2 000千克左右，鲜食销售每亩效益超过1万元，为农业结构调整和农民增收提供了一条新的途径。

徐紫薯8号用途广泛。除用于鲜食以外，还适宜做紫薯全粉、速溶雪花全粉、薯泥、速冻薯丁、薯酒等加工产品，并且已被多家加工企业认可，紫薯全粉速溶性好，口感甜糯，深受消费者喜爱；徐紫薯8号茎尖鲜嫩可口，适宜做菜，同时加工的薯叶茶有特殊的香味和保健作用；徐紫薯8号叶片鸡爪形，绝大部分地区可以正常开花，也是绿化用材，有独特的观赏价值。

第二节　紫肉型甘薯品种的利用

一、紫肉型甘薯品种区域种植特点

紫肉型甘薯品种广泛种植于我国各大薯区，主要用于鲜食和加工。在北方薯区作春薯，生育期较长，产量高，干物质含量高，薯块相对较大，适用于作加工原料；在北方薯区作夏薯，或是在适宜地区一年两季种植，生长期相对较短，密植，适宜用作鲜食甘薯销售，能够获得较好的收益；在长江中下游薯区和西南薯区，既可以生产加工原料用的紫薯，也可以生产鲜食销售用的紫薯，根据市场需要，控制大田生长周期；在南方薯区，甘薯一般作鲜食销售，宜栽插秋薯或冬薯，春节过后，正是北方甘薯市场需求量大的时节，此时上市销售，能够取得很好的种植效益。

二、紫肉型甘薯品种利用

紫肉型甘薯因其丰富的营养成分和特殊的保健功能，加之其提取色素稳定性高，是一种难得的天然安全色素来源，开发前景广阔。日本等国家在紫肉型甘薯的开发利用方面起步较早，先后研制出一系列加工产品，如用紫肉型甘薯加工成紫薯全粉，并将其加入到面粉中制成紫色蛋糕、紫色面包、紫色面条等产品；用紫肉型甘薯直接制成薯片、薯条、薯酱等产品；用紫肉型甘薯提取天然色素并制成果汁、饮料等，或用紫肉型甘薯发酵制成紫薯酒等；同时，还用紫肉型甘薯制成紫薯食品添加剂，在食品加工业中被广泛应用。近些年来，随着我国加工企业规模的扩大和创新能力的提高，紫肉型甘薯在国内食品加工方面的应用越来越广泛，产业化程度越来越高，高附加值产品越来越多。

第三节　代表性紫肉型甘薯品种

近年来，紫肉型甘薯品种发展很快，代表性品种除鲜食型品种宁紫薯4号、高花青素型品种徐紫薯8号以外，还有北方薯区的高花青素品种济紫薯1号，鲜食型品种秦紫薯2号、齐宁18、阜紫薯1号、冀紫薯2号；长江中下游薯区的高花青素品种绵紫薯9号，鲜食型品种鄂紫薯13、川紫薯2号、赣薯1号、渝紫薯7号、南紫薯008；以及南方薯区的鲜食型品种桂紫薇1号等。

济紫薯1号（图50）突出特点是花青素含量高，由山东省农业科学院作物研究所于2002年以绫紫为亲本，通过集团杂交选育而成，2012年通过山东省农作物品种审定委员会审定（鲁农审2012037号），2015年通过国家鉴定（国品鉴甘薯2015009）。该品种萌芽性中等，中长蔓，分枝数8个左右，茎蔓中等粗

图50　济紫薯1号

细，叶片心形，顶叶绿色，叶片绿色，偶带褐色，叶脉绿色，茎蔓绿色；薯块下膨纺锤形，黑紫皮、黑紫肉，结薯集中整体，单株结薯3 ～ 4个，大中薯率较高；花青素含量高，100克鲜薯中平均含量90 ～ 126毫克；春薯烘干率37%～ 40%，比对照品种徐薯18高3个百分点，夏薯烘干率31%～ 34%；耐贮性好，食味品质好，无紫薯常见的苦涩味；高抗黑斑病，中抗根腐病，不抗茎线虫病。春薯鲜薯亩产1 500 ～ 2 000千克，夏鲜薯亩产1 500千克；适宜在我国北方薯区和长江薯区作春、夏薯种植，不宜在根腐病重发地种植，注意防治茎线虫病。该品种适用于花青素提取、紫薯全粉和薯块加工，2016年获得山东省科学技术进步一等奖，2017年获得农业部中华农业科学技术进步二等奖。

优质鲜食、广适品种秦紫薯2号（图51）突出特点是熟食口味极佳，质地细腻，粗纤维少；薯皮光滑、薯形美观，商品性好；花青素含量适中；是生产鲜食紫薯的优良品种。由宝鸡市农业科学研究院于2008年以秦薯4号为母本，通过集团杂交选育而成，2016年通过国家鉴定（国品鉴甘薯2016009），2014年通过陕西省登记（陕薯登字2013001号）。该品种萌芽性较好，中蔓，分枝数12个左右，茎蔓中等粗，叶片心形带齿，顶叶绿色，叶片绿色，叶脉绿色，茎蔓绿色带紫条斑；薯形纺锤形，紫皮紫肉，结薯集中、整齐，单株结薯4个左右，大中薯率高；食味香甜；100克鲜薯中花青素含量17.55毫克；春薯烘干率29.55%，比对照品种宁紫薯1号高3.52个百分点；耐贮性好；抗茎线虫病，中抗根腐病、蔓割病，感黑斑病。春薯鲜薯亩产2 500千克左右；适宜在陕西省、河南省、河北省、山西省等适

图51　秦紫薯2号

宜地区作春、夏薯种植，不宜在黑斑病高发地种植。

优质鲜食紫薯品种齐宁18，突出特点是食味品质优、抗病性好、耐贮藏；由济宁市农业科学研究院于2012年以济薯26作母本，通过放任授粉选育而成，2019年通过农业农村部品种登记于[GPD甘薯（2019）370002]。该品种萌芽性好，中蔓，分枝数10个左右，茎蔓中等，叶片心形，顶叶绿色，叶片绿色，叶脉绿色，茎蔓绿色（图52）；薯形长纺锤形，紫皮紫肉（图53），结薯集中、整齐，单株结薯4个左右，大中薯率高；口感好，鲜薯蒸煮后黏、糯、香；100克鲜薯中花青素含量20.54毫克；春薯烘干率30%左右，比对照品种宁紫薯1号高3个百分点左右；夏薯烘干率27%左右，比对照品种宁紫薯1号高2个百分点左右；耐贮性好；高抗茎线虫病、中抗黑斑病、感根腐病。春薯鲜薯亩产3 000千克左右，夏薯鲜薯亩产2 600千克左右，适宜在山东、河南、河北、江苏、安徽、北京、山西、陕西等地区的平原或旱地作春、夏薯种植，不宜在根腐病重发地种植。

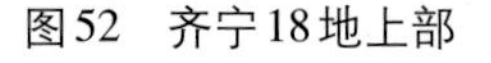
图52　齐宁18地上部

图53　齐宁18薯块

优质高产品种鲜食紫薯品种阜紫薯1号（图54），突出特点是薯形纺锤形、薯皮光滑、食味品质较好；由阜阳市农业科学院于2009年利用渝紫1号开放授粉选育而成；2016年通过国家鉴定（国品鉴甘薯2016019）。该品种萌芽性较好，长蔓，分枝数9个左右，茎蔓较粗；叶片心形带齿，顶叶黄绿色带紫边，成年叶、叶脉和茎蔓均为绿色；耐贮性较好；薯块纺锤形，紫皮紫肉，结薯较集中，薯块较整齐，单株结薯3个左右，大中薯率较高。烘干率26%左右；100克鲜薯中花青素含量23毫克左右；耐贮性好，中抗蔓割病，感根腐病，高感茎线虫病和感黑斑病。夏薯鲜薯亩产2 200千克左右；薯干亩产600千克左右。适宜在安徽、北京、河南、河北、山西、山东（泰安除外）等地区作春、夏薯种植。

图54　阜紫薯1号

优质耐储食用紫薯品种冀紫薯2号（图55），突出特点是食味品质好、耐贮藏；由河北省农林科学院粮油作物研究所于2008年以徐25作母本，通过集团杂交选育而成，2016年通过国家鉴定（国品鉴甘薯2016017），2018年通过农业农村部品种登记[GPD甘薯（2018）130029]。该品种萌芽性较好，中长蔓，分枝数10个左右，茎蔓细，叶片深裂缺刻，顶叶绿色带紫边，叶片绿色，叶脉绿色，茎蔓浅紫色；薯形长纺锤形，紫皮紫肉，结薯集中整齐，单株结薯5个左右，大中薯率高；国家区试结果100克鲜薯中花青素平均含量22.14毫克；春薯烘干率29％左右；耐贮性好；抗茎线虫病和黑斑病。春薯鲜薯亩产2 000千克左右，薯干亩产600千克左右；适宜在河北、河南、山东等适宜地区作

图55　冀紫薯2号

春、夏薯种植，不宜在根腐病重发地种植。

绵紫薯9号（图56）为高花青素型品种，突出特点是花青素含量高、高产稳产、薯块光滑美观、抗病性好、耐贮藏；由绵阳市农业科学研究院和西南大学于2005年以4-4-259作母本，通过集团杂交选育而成，2012年通过四川省审定（川审薯2012009），2014年通过国家鉴定（国品鉴甘薯2014005），2008年通过农业部品种登记[GPD 甘薯（2018）510069]。该品种萌芽性好，中长蔓，分枝数10个左右，茎蔓中等，叶片深裂复缺刻，顶叶绿色，叶片绿色，叶脉绿色，茎蔓绿色；薯形纺锤形，紫皮紫肉，结薯集中，单株结薯5个左右，大中薯率高；食味品质优，100克鲜薯中花青素含量65毫克，粗蛋白含量4.36%，还原糖含量7.25%，可溶性固形物含量13.79%；夏薯烘干率29%左右，比对照品种宁紫薯1号高1.57个百分点；耐贮性好；高抗茎线虫病，抗蔓割病，中抗根腐病。夏薯鲜薯亩产2 300千克左右，薯干亩产650千克左右；适宜在长江流域薯区的四川、重庆、湖北、湖南、贵州、江西、浙江和江苏南部等适宜地区作夏薯种植，不宜在薯瘟病重发地种植。绵紫薯9号高产稳产，一经审定，即成为四川省甘薯主导品种，得到了大面积的推广应用，在生产上创造了系列的高产典型，并在全国甘薯高产竞赛中3次获奖。2014年，在绵阳市安州区现场测产，绵紫薯9号亩产3 840千克；2017年，在南充市西充县测产，绵紫薯9号亩产4 012千克，创四川紫薯高产纪录；2018年，在绵阳市盐亭县测产，绵紫薯9号亩产3 673千克。绵紫薯9号薯皮光滑、薯形好，花青素含量高，深受紫薯加工企业喜爱，很多公司均将绵紫薯9号列为主要紫薯来源，年推广面积20万亩以上。以绵紫

图56　绵紫薯9号

薯9号作为品种之一，获得了2014—2016年全国农牧渔业丰收二等奖。

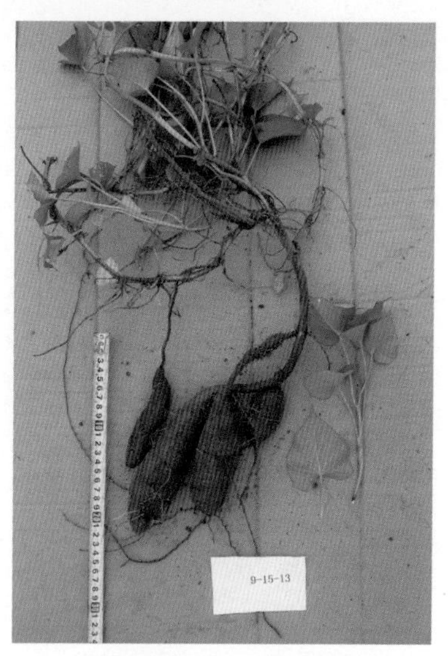

图57 川紫薯2号

优质抗病鲜食紫薯品种川紫薯2号（图57），突出特点是优质抗病，食味品质较好，抗黑斑病；由四川省农业科学院作物研究所于2004年以川薯5-16-5作母本，通过集团有性杂交选育而成，2015年通过四川省审定（川审薯2015005）。该品种萌芽性好，中蔓，分枝数4～6个，茎蔓中等，叶片心脏形，顶叶绿色，叶片绿色，叶脉绿色，茎蔓绿色；薯形长筒形，紫皮紫肉，结薯集中，单株结薯3～5个，大中薯率76%；夏薯烘干率26%左右，100克鲜薯中总糖含量为10克、维生素C含量19.7毫克、花青素含量19毫克；耐贮性好；抗黑斑病。夏薯鲜薯亩产2 100千克左右，薯干亩产550千克左右；适宜在四川地区作夏薯种植。

优质鲜食紫薯品种赣薯1号，突出特点是花青素含量适中，熟食品质优。由江西省农业科学院作物研究所于2002年以紫心甘薯品系宁98-P-8为母本，苏薯9号为父本经有性杂交选育而成，2010年通过江西省认定（赣认甘薯2010001）。该品种萌芽性好，中等蔓，分枝数6～8个，茎蔓中等，叶片三角形，顶叶绿色，叶片绿色，叶脉绿色，茎蔓绿色（图58）；薯形纺锤形，紫皮紫肉（图59），结薯集中整齐，单株结薯4～5个，大中薯率高；可溶性固形物含量4.8%，100克鲜薯中花青素含量为29.63毫克，蒸煮熟食品质好；夏薯烘干率29.05%左右，比对照品种宁紫薯1号高1.85百分点；耐贮性好；抗黑斑病和根腐病，不抗茎线虫病。夏薯鲜薯亩产2 200千克左右，薯干亩产640千克左右；适宜在长江流域和南方地区作春、夏薯种植。

图58　赣薯1号地上部

图59　赣薯1号薯块

优质广适品种渝紫薯7号为鲜食及食品加工型紫肉甘薯品种，突出特点是生长适宜区域广，既可鲜食，也可用于饮料、烤薯干等食品加工；由西南大学于2005年利用日紫薯13集团杂交选育而成，2012年通过国家鉴定（国品鉴甘薯2012008），2014年通过重庆市审定（渝品审鉴2014003）。该品种萌芽性优，中长蔓，分枝数4 ~ 6个，茎蔓中等粗细，叶片浅单缺，顶叶和叶片均绿色，叶脉绿色，茎蔓绿色（图60）；薯形纺锤形，紫皮紫肉，结薯整齐集中，单株结薯3个左右，大中薯率较高（图61）；食味品质优，100克鲜薯中花青素含量15毫克左右；夏薯烘干率29%左右，比对照品种宁紫薯1号高3 ~ 5个百分点；耐贮性一般；抗茎线虫病，中抗黑斑病。夏薯鲜薯亩产

图60　渝紫薯7号地上部

图61　渝紫薯7号薯块

1 900千克左右，薯干亩产560千克左右；适宜在北方薯区、长江流域、南方薯区等适宜地区作春、夏薯种植，不宜在根腐病、薯瘟病重发地种植。

南紫薯008（图62）为食用型紫薯品种，熟食品质优，抗黑斑病，贮藏性特好，商品性佳；由南充市农业科学院于2001年以日本紫薯作母本，通过集团杂交选育而成，2008年四川省审定（川审薯2008 003号）。该品种萌芽性好，中蔓，分枝数4个左右，茎蔓中等，叶片心形，顶叶紫红色，叶片绿色，叶脉绿色，茎蔓绿带褐色；薯形长纺锤形，紫皮紫肉，结薯整齐集中，单株结薯3个左右，大中薯率高；100克鲜薯中花青素含量为15毫克、总糖含量7.95%、蛋白质含量0.72%、维生素C含量21.4毫克，藤叶粗蛋白含量为1.38%，甜味中等，纤维含量少，熟食品质优，夏薯烘干率23%左右；抗黑斑病，耐旱、耐瘠性较强，贮藏性特好。夏薯鲜薯亩产1 800千克左右；适宜在四川省等适宜地区作夏薯种植。

图62　南紫薯008

高产优质广适鲜食紫薯品种桂紫薇薯1号（图63），突出特点是高产、优质、结薯多及薯形美观，由广西壮族自治区农业科学院玉米研究所于2002年利用糊薯1号和广紫薯1号有性杂交选育而成，2014年通过广西农作物新品种审定（桂审薯2014005号），2016年通过国家鉴定（国品鉴甘薯2016027）。该品种萌芽性好，中蔓，分枝数8个左右，茎蔓中等，叶片心形带齿，顶叶绿色，叶片绿色，叶脉浅紫色，茎蔓绿带紫色；薯形纺锤形，紫皮紫肉带白色，结薯较集中整齐，单株结薯6个左右，大中

图63 桂紫薇薯1号

薯率较高；食味品质优，蛋白质含量4.76%，可溶性固形物含量17.77%，100克鲜薯中花青素含量10.68毫克；秋薯烘干率27%左右；耐贮性好；室内蔓割病抗性鉴定为中感；福建室内Ⅰ型薯瘟病抗性鉴定结果为中抗，Ⅱ型薯瘟病抗性鉴定结果为高感；广东薯瘟病室内鉴定结果为中感。秋薯鲜薯亩产1 800千克左右，薯干亩产490千克左右；适宜在南方薯区的广东、广西、福建等地区作秋薯种植，不宜在薯瘟病病发地种植。

（李强 后猛 等）

主要参考文献

傅玉凡，陈敏，叶小利，等，2007. 紫肉甘薯花色苷含量的变化规律及其与主要经济性状的相关分析[J]. 中国农业科学，40(10): 2185-2192.

沈升法，吴列洪，李兵，2015. 紫肉甘薯部分营养成分与食味的关联分析 [J]. 中国农业科学，48(3):555-564.

吴列洪，沈升法，李兵，2012. 甘薯甜度与薯块蒸煮前后糖分的相关性研究[J]. 中国粮油学报，27(9): 25-28.

谢一芝，尹晴红，邱瑞镰，2004. 高花青素甘薯的研究及利用[J]. 杂粮作物，24(1): 23-25.

Lin Wang, Ying Zhao, Qing Zhou, et al., 2017. Characterization and hepatoprotective activity of anthocyanins from purple sweet potato (*Ipomoea batatas* L. cultivar Eshu No. 8) [J]. Journal of Food and Drug Analysis. 25(3): 607-618.

Saigusa N, Terahara N, Ohba R, 2005. Evaluation of DPPH-radicalscavenging activity and antimutagenicity and analysis of anthocyanins in an alcoholic fermented beverage produced from cooked or raw purple-fleshed sweet potato(*Ipomoea batatas* cv. Ayamurasaki) roots [J]. Food Science Technology Research. 11(4): 390-394.

Yoshinaga M, 1998. Physiological function of purple colored flesh sweetpotato[J]. Food Processing. 33 (8) :15-17.

第五章

特用型甘薯品种

随着人们生活水平的不断提高，人们对甘薯品种要求也不断提高。甘薯是多用途作物，特用型品种是目前育种的新目标，是优质品种的细化，是甘薯产业开发的需求。为充分发挥甘薯功能多样的优势，特用型品种随之呈现在人们的面前，并不断丰富人们的餐桌，改善人们的生活。

第一节 特用型甘薯品种的分类

特用型品种是有别于淀粉型、鲜食型以外的品种类型，其中，紫肉型品种发展速度快，市场需求大，育成品种多，已在第四章介绍，其他特用型品种还有高胡萝卜素型、蔬菜专用型、观赏型、药用型等。其中，高胡萝卜素型品种100克鲜薯中胡萝卜素含量大于10毫克，其他综合性状优良；蔬菜专用型品种食味品质优，茎尖产量较高，加工色泽鲜艳，不易褐变，其他综合性状优良；观赏型品种以观花和观叶（叶色、叶形）为主，繁殖能力强、耐逆性（高温、低温、涝、干旱等）强；药用型品种则富含特殊营养成分，能够辅助治疗人类的某些疾病。

第二节 高胡萝卜素型甘薯品种特点与利用

维生素A缺乏症是目前世界上普遍存在的营养缺乏症之一，可以引起儿童机体发育不良、视力障碍、免疫力下降等。作为维生素A合成的前体物质，类胡萝卜素是人体必需的微量营养物质，具有多种保健功能。红肉甘薯富含类胡萝卜素，通过食用高胡萝卜素型甘薯能够改善儿童维生素A缺乏的营养状况。

一、高胡萝卜素型甘薯品种特点

胡萝卜素含量的高低是食用甘薯营养品质的一个重要指标，美国在较早的育种计划中就把提高胡萝卜素含量作为一个重要的目标，并取得很大的成效，育成了一批100克鲜薯中胡萝卜素含量在10毫克以上的品种。我国高胡萝卜素型甘薯品种的改良起步较迟，直到1996年才提出色素提取型甘薯品种100克鲜薯中胡萝卜素含量应不低于10毫克的要求。随着我国人民生活水平的提高，甘薯作为副食和休闲食品的用途日趋广泛，选育色泽鲜艳的高胡萝卜素型品种已成为我国甘薯育种重要的目标之一。与其他类型的品种相比，高胡萝卜素型甘薯的突出特点是薯块胡萝卜素含量高，100克鲜薯中胡萝卜素含量一般大于10毫克，肉色呈橘红色，非常鲜艳，其他性状要求与普通品种没有明显区别。伴随着胡萝卜素含量的提高，薯块的干物质含量一般偏低，甜度相对较高，但有色素的味道，食味性会受到影响。因此，在育种中，除用于加工等特殊用途，鲜食甘薯中胡萝卜素含量并不是越高越好。

二、高胡萝卜素型甘薯品种利用

由于高胡萝卜素型甘薯富含胡萝卜素，色泽鲜艳，含糖量较高，其加工利用潜力很大。利用高胡萝卜素型甘薯可生产葡萄糖、果糖（异构糖）、饴糖、淀粉糖等。葡萄糖与医药和保健事业密切相关，果糖则可弥补我国糖源的不足。利用鲜薯或薯粉可制成种类繁多的食品，如红薯脯、红薯蜜饯、红薯酱等蜜饯类，薯糕、红薯发糕等糕点类，软糖、饴糖等糖果类，脱水薯片、脆片、香酥薯片、红薯点心等小食品类食品；用其制成的许多名特风味小吃，更是历史悠久，受到国内外消费者的欢迎。例如，福建的“连城红心地瓜干”，在日本和我国市场上非常受欢迎；浙江的“油炸薯片”、山东泰安的“红心地瓜脯”和滕州的“薯干高级水果糖”，这些食品甜美适口，营养丰富，畅销东南亚各国和日本等国家。

第三节　蔬菜专用型甘薯品种特点与利用

蔬菜专用型甘薯因其宜炒食、口感风味良好、营养丰富均衡、具有抗氧化、延缓人体细胞衰老等特点，深受国内外消费者欢迎，被大众美誉为“蔬菜皇后”“长寿菜”。

一、蔬菜专用型甘薯品种类别及特点

蔬菜专用型甘薯根据食用部位不同可分为茎尖型菜用甘薯、叶菜型菜用甘薯、叶柄型菜用甘薯。主要特点为分枝能力强，产量高；一般食用部位无茸毛，无苦涩味；喜大肥大水、高温高湿；食用品质优、营养保健。

二、蔬菜专用型甘薯品种利用

蔬菜专用型甘薯主要有3个用途：一是鲜食，可作凉拌菜、炒菜、汤品等；二是初级加工品，经过漂烫后真空包装冷藏、出口等；三是工业原料，由于其地上部产量高和多酚类物质含量高，工业上可作为提取多酚的工业原料。

第四节　其他特用型甘薯品种特点与利用

其他特用型甘薯品种包括观赏型甘薯品种、药用型甘薯品种等。

一、观赏型甘薯品种特点与利用

1. 观赏型甘薯品种类别及特点 观赏型甘薯品种可分为地被植物类型和盆栽类型。观赏型甘薯主要特点是叶片色彩丰富、鲜明；叶形丰富多样；容易繁殖、生长速度快；耐旱、耐瘠薄，容易管理。

2. 观赏型甘薯品种利用 观赏型甘薯品种主要有2种用途，一是用于园林植物造景，如花坛、公路隔离带、植物墙等，可单独或与其他花卉植物等共同造景；二是用于盆栽观赏，主要用于家庭园艺盆栽，少部分品种也可以用于插花。

二、药用型甘薯品种特点与利用

药用型甘薯是指具有药用价值的甘薯，如西蒙1号，经国内外医学专家在临床上应用证明，该品种具有显著的止血功能，对过敏性性紫癜、时发性血小板减少性紫癜等均有显著疗效，而且对治疗非胰岛素依赖型和胰岛素依赖型糖尿病、贫血病、癌症、肾炎等疾病也有明显作用，并能防治白血病患者在化疗过程中引起的出血问题，使化疗顺利进行。此外，该品种还具有明显的抗衰老保健功能，对人体健康长寿均有益。

西蒙1号是巴西联邦国立农科大学郑西蒙教授发现的一种具有独特医疗保健作用的特用型甘薯。叶片呈心形，叶肉肥厚而凹凸不平；属长蔓型品种，蔓长可达4米，一般在2.5～3米，分枝少，蔓粗；叶、茎、叶柄、叶脉均为绿色，且布满茸毛；薯块长纺锤形，白皮白肉；熟食味淡，烘干率在30%～33%。该品种结薯较晚，薯块膨大慢；结薯少，单株产量低；不耐肥；个体间产量差异大，易感病毒病等。经测定西蒙1号茎叶含有宝贵的血卟啉和多种有益的元素（如钾、镁、铁、锌、锰、镍等），以及人体必需的各种氨基酸及多种维生素（如维生素B_1、维生素B_2、维生素C、叶酸等）；块根富含淀粉、可溶性固形物、17种氨基酸和多种维生素。这些成分的综合作用，可提高人体制造红细胞的机能，净化血液，恢复体质。

第五节　代表性特用型甘薯品种

高胡萝卜素型代表性甘薯品种有维多丽、浙薯81、徐渝薯34、苏薯25、黔薯5号等。蔬菜专用型代表性甘薯品种有福菜薯18、广菜薯5号、薯绿1号、鄂薯10号等。观赏型甘薯品种有黄金叶、竹叶薯等。

一、高胡萝卜素型甘薯品种

图64　维多丽

维多丽（图64）是高胡萝卜素食品加工型品种，由河北省农林科学院粮油作物研究所于1992年利用冀薯4号集团杂交选育而成，2009年通过国家鉴定（国品鉴甘薯2009011），2018年通过农业农村部品种登记[GPD甘薯（2018）130026]。该品种萌芽性中等，中蔓，分枝数6个左右，茎蔓中等粗细，叶片心形带齿，顶叶绿色，叶片绿色，叶脉绿色，茎蔓绿色；薯形下膨纺锤形，橙黄皮橘红肉，结薯较集中整齐，单株结薯4个左右，大中薯率较高；干基可溶性固形物和还原糖含量较高，食味品质中等，国家区试结果100克鲜薯中胡萝卜素平均含量15.1毫克；春薯烘干率25.8%左右，比对照品种徐薯18低1.8个百分点；耐贮性较好；抗茎线虫病，中抗根腐病和黑斑病，高感蔓割病。春薯鲜薯亩产1 800千克左右，薯干亩产量400千克左右；适宜在北方薯区等适宜地区作春、夏薯种植，不宜在南方蔓割病发病较重地块种植。

浙薯81（图65）为高胡萝卜素鲜食烘烤型品种，由浙江省农业科学院于1988年利用浙73半2和花G-2有性杂交选育而成，2011年通过浙江省品种认定和国家品种鉴定（国品鉴甘薯2011018）。该品种萌芽性好，长蔓，分枝数6个左右，茎蔓中等，叶片心形，顶叶绿色，叶片绿色，叶脉淡紫色，茎蔓绿色；薯形纺锤形，红皮橘红肉，结薯集中，单株结薯4个左右，大中薯率较高；表皮光滑、薯型美观，食味甜、软，100克鲜薯中胡萝卜素含量16.01毫克；春薯烘干率23%左右，比对照品种徐薯18低7个百分点；耐贮性较好；抗茎线虫病和黑斑病，中抗根腐病，中感蔓割病。春薯鲜薯亩产2 000千克左右；适宜在浙江、湖南、河南、山东等适宜地区作春薯种植，不宜在根腐病重发地区种植。

图65　浙薯81

徐渝薯34（图66）为高胡萝卜素薯汁加工型品种，突出特点是薯汁加工品质优（图67）。由江苏徐州甘薯研究中心和西南大学于2008年利用渝06-2-9和渝04-3-218有性杂交选育而成。2016年通过国家鉴定（国品鉴甘薯2016022），2018年通过农业农村部品种登记[GPD甘薯（2018）320012]。徐渝薯34萌芽性好，中短蔓，分枝数7～8个，茎蔓中等粗；叶片心形，顶叶淡绿色，成年叶绿色，叶脉紫色，茎蔓绿色；薯形纺锤形，紫红皮橘红肉，结薯集中，薯块整齐，大中薯率较高；食味品质较好；较耐贮；夏薯烘干率24%左右，比对照品种宁紫薯1号低2个百分点左右；100克鲜薯中胡萝卜素含量11毫克左右；抗茎线虫病，中抗根腐病，感黑斑病，高感蔓割病。夏薯鲜薯亩产2 000千克左右，比对照品种宁紫薯1号增产显著。适宜在长江中下游薯区作高胡萝卜素型品种种植。注意防治黑斑病，不宜在根腐病和蔓割病重发地种植。

图66　徐渝薯34

图67　徐渝薯34薯汁

图68　苏薯25

苏薯25（图68）为高胡萝卜素型甘薯品种，由江苏省农业科学院粮食作物研究所于2007年利用苏薯8号和川薯69有性杂交选育而成，2015年通过国家甘薯品种鉴定（国品鉴甘薯2015008）。该品种萌芽性好，短蔓，分枝数6个左右，茎粗中等，叶片深裂复缺，顶叶紫色，叶片深绿色，叶脉紫色，茎蔓绿带紫色，薯皮红色，薯肉橘红色，薯块纺锤形，结薯集中整齐，单株结薯4个左右，中薯率高；熟食品质较好；烘干率24%左右，比对照品种宁紫薯1号低4 ~ 5个百分点，100克鲜薯中胡萝卜素含量11.02毫克；高抗茎线虫病，抗蔓割病，不抗根腐病和黑斑病。夏薯鲜薯亩产2 000千克左右，比对照品种宁紫薯1号增产15%左右；适宜在江苏、浙江、江西、重庆和安徽等地区种植，不宜在根腐病重发区种植，注意黑斑病的综合防治。

黔薯5号（图69）突出特点是胡萝卜素含量高、产量高、薯形好；由贵州省生物技术研究所于2006年利用苏薯8号集团杂交选育而成，2015年通过贵州省审定（黔审薯2015001号）。

图69　黔薯5号

黔薯5号萌芽性较好，中蔓，分枝数7个左右，茎蔓中等，叶片尖心形，顶叶绿色，叶片绿色，叶脉绿色，茎蔓绿色；薯形纺锤形，红皮橘红肉，结薯集中，单株结薯6个左右，大中薯率高；该品种鲜薯总糖含量为2.19%，100克鲜薯中胡萝卜素含量为14.76毫克；夏薯烘干率26%左右，比对照品种高3个百分点；耐贮性好；高抗黑斑病。夏薯鲜薯亩产2 600千克左右，薯干亩产700千克左右；适宜在长江中下游等地区作夏薯种植。

二、菜用型甘薯品种

图70　福菜薯18

福菜薯18（图70）为广适性优质高产菜用型品种，突出特点是食味品质优、产量高、适应性好，是目前国内菜用型甘薯的主推品种；由福建省农业科学院作物研究所和湖北省农业科学院粮食作物研究所于2004年利用泉薯830和台农71有性杂交选育而成，2011年通过国家甘薯品种鉴定委员会鉴定（国品鉴甘薯2011015），2012年通过福建省农作物品种审定委员会审定（闽审薯2012001），2016年获得植物新品种权授权(CNA20120363.3)，2018年通过农业农村部品种登记[GPD 甘薯（2018）350044]。该品种萌芽性好，株型短蔓半直立，叶片心形，顶叶、成叶、叶脉、叶柄和茎均为深绿色。单株结薯2 ~ 3个，薯块纺锤形，薯皮浅黄色，薯肉浅黄色，薯块干物率28.4%，淀粉率17.1%。粗蛋白含量3.02%，还原糖含量0.15%，100克鲜嫩茎叶(烘干基)中蛋白质含量3.02克，100克鲜薯中含维生素C（鲜基）24.77毫克，100克烘干甘薯中含还原糖0.15毫克、粗纤维2.7克；茎尖无茸毛，烫后颜色翠绿，食味清香、有甜味，入口有滑腻感。抗蔓割病，中抗根腐病和茎线虫病，感黑斑病。平畦种植每亩12 000～18 000株。施肥以有机肥为主，采摘期内保持土壤湿润，采摘后适时追肥，在150～300天采摘期内亩施纯氮30～50千克。适宜在福建、浙江、重庆、河南、江苏、四川、山东、广东、广西等地区春、夏季露地种植，秋、冬季设施内种植。

图71　广菜薯5号

广菜薯5号（图71）为抗病蔬菜专用型甘薯新品种，突出特点是抗病性强、茎尖采收产量稳定、炒熟后保持青绿、口感甜脆；由广东省农业科学院作物研究所于2008年利用泉薯830和台农71有性杂交选育而成，2015年通过国家甘薯品种鉴定（国品鉴甘薯2015019）；2017年获植物新品种保护权（CNA20130591.6）。该品种萌芽性较好，株型半直立，生长势强，顶叶浅复缺刻，分枝多，顶叶、叶基色和茎色均为绿色，薯块纺锤形，薯皮黄白色。幼嫩茎尖烫后颜色翠绿，无苦涩味，略有清香，微甜和有滑腻感，食味品质好。国家菜用甘薯品种区试鉴定其高抗蔓割病、抗茎线虫病、中抗根腐病、中感薯瘟病。夏天种植采收6～8次的茎尖亩产共2 500千克。适宜在我国菜用甘薯产区种植，不宜在疮痂病高发地区种植。

薯绿1号（徐菜薯1号）（图72）是由江苏徐淮地区徐州市农业科学研究所和浙江省农业科学院作物与核技术利用研究所利用台农71和广薯菜2号有性杂交选育而成。2013年通过全国甘薯品种鉴定委员会鉴定和浙江省品种审定委员会审定，2015

图72　薯绿1号

年获得植物新品种权保护。该品种突出特点是品质优和直立性好（适于机械化采收）。株型半直立，分枝多，叶片心形，顶叶黄绿色，叶基色和茎色均为绿色。薯块纺锤形，白皮白肉。茎尖无茸毛，烫后颜色翠绿至绿色，无苦涩味，微甜，有滑腻感，食味品质好。10厘米长茎尖粗蛋白含量为3.88%、脂肪含量0.2%、粗纤维含量1.6%、维生素C含量224毫克/千克、钙含量32.0毫克/千克、铁含量806毫克/千克。薯块干物质含量32.4%，可溶性固形物含量5.45%，总淀粉含量22.1%。高抗茎线虫病，抗蔓割病，3个月茎尖产量约2 000千克/亩。适宜江苏、山东、河南、浙江、四川、广东、福建、海南等适宜地区作叶菜种植。

图73　鄂薯10号

鄂薯10号（图73）为抗茎线虫、抗蔓割病菜用型品种，由湖北省农业科学院粮食作物研究所于2005年以福菜薯18作母本通过集团杂交选育而成，2013年通过国家鉴定（国品鉴甘薯2013014），2018年通过农业农村部品种登记[GPD 甘薯（2018）420052]。该品种萌芽性优，中长蔓，叶片心形带齿，顶叶绿色，叶片绿色，叶脉绿色，茎蔓绿色；薯形长筒形，淡红皮白肉；茸毛少或无，烫后颜色为翠绿至绿色，部分参试点有香味、无苦涩味，无甜，有滑腻感；食味品质优；抗茎线虫病，抗蔓割病，感根腐病、病毒病，食叶害虫、白粉虱和疮痂病危害轻。亩产茎尖2 050千克左右；适宜在湖北、浙江、江苏、四川、广东等适宜地区作菜薯种植，不宜在根腐病重发地种植。

三、观赏型甘薯品种

黄金叶为观赏型甘薯。叶片、茎秆及叶脉均为黄绿色，心形叶。耐热，耐瘠薄，适应性强，病害少，生长速度快，可以很快达到人们想要的绿化效果。可作为家庭园艺盆栽，装点现代家居环境，也可作为园林绿化观赏植物。图74即为观赏型甘薯黄金叶在园林绿化中的应用（树干旁黄绿色叶片品种就是观赏型甘薯黄金叶）。

图74　黄金叶

竹叶薯（图75）为江苏徐淮地区徐州市农业科学研究所通过有性杂交选育而成，因叶形似竹叶，故取名竹叶薯。此品种叶形深缺刻，叶裂片数为5，茎色及叶脉色均为紫色，在一定光照条件下，部分叶片呈紫色。株型紧凑，长势缓慢，尤其适于家庭或办公室盆栽观赏。

徐1402-12（图76）是由江苏徐淮地区徐州市农业科学研究

所经定向杂交系统选育的观赏新品系。徐1402-12叶形缺刻，叶裂片数为3，叶色淡紫，茎尖、叶片、叶柄长度短，茎尖三节长度中等。可作为园林绿化及家庭阳台观赏植物。

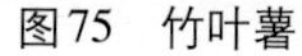

图75　竹叶薯

图76　徐1402-12

（李强　曹清河　后猛　等）

主要参考文献

华天懿，2005. 维生素A缺乏对儿童生长发育的影响及我国儿童维生素A营养现状[J]. 中国儿童保健杂志(6): 519-521.

曾果，林黎，刘祖阳，等，2008. 生物强化高β-胡萝卜素甘薯对儿童维生素A营养干预研究[J]. 营养学报(6): 575-579.

第六章

甘薯良种繁育

甘薯良种是甘薯产业健康发展的基础。如何为生产提供健康种薯种苗是目前亟待解决的问题。进入20世纪80年代以后，随着我国社会主义计划经济向社会主义市场经济转变，人民生活水平大幅改善，甘薯种植面积迅速下降，加之甘薯不易贮藏、容易腐烂、利润空间小、经营难度大等限制，导致多年来依靠县、乡农业技术推广站进行甘薯新品种示范和种薯繁育的推广模式不断弱化，以赢利为目标的种子公司放弃甘薯良种繁育和经营，甘薯产区缺乏规模化、专业化的种薯生产繁育基地，形成了我国甘薯良种繁育主要以种植户自繁、自留、自用，个别单位少量留种繁种的分散局面。近年来，由于甘薯复合病毒扩展较快，种薯种苗质量控制技术性强，规模化种薯种苗企业优势逐步显现。本章重点分析我国甘薯良种繁育体系的现状与问题，提出良种繁育体系建设的设想，以及在良种繁育过程中的技术措施。

第一节　我国甘薯良种繁育体系建设现状

甘薯是无性繁殖作物，在种薯种苗繁育过程中易受病毒侵染，并通过块根世代传递累积，加重危害，导致品种种性退化，产量和品质降低。甘薯生产的特点是种薯用量大，长距离运输困难，只有建立完善的繁育推广体系才能生产出高质量的种薯，满足各甘薯产区的需要；同样，脱毒甘薯的推广也需建立完善的繁育供种体系。自20世纪90年代初期，脱毒甘薯开始在我国甘薯生产中应用，由于其增产效果显著，又可改善品质，提高商品价值，受到产区农民的普遍欢迎，因此，脱毒甘薯种植面积迅速扩大。种植脱毒甘薯已经成为当前甘薯生产中防治甘薯病毒病，提高甘薯产量和品质最经济有效的措施。我国推广脱毒甘薯以来，通过政府推动、部门组织、专家负责、科技入户的有机结合，山东、河南、安徽、江苏、河北、福建等地都形成了各具特色的繁供体系，主要是由科研单位或者有条件的企业为技术龙头，生产经过病毒检测的脱毒试管苗，在60～80目防蚜网棚内繁育脱毒原原种，在有一定空间隔离的地区繁育原种和生产种，供应大田种植的省、市(县)、乡、村繁供体系。近年来，随着甘薯病毒病（SPVD）的快速传播，为缩短繁育周期，提高种薯种苗质量，山东、河北等地开始推广脱毒试管苗直接繁育生产用种薯的脱毒甘薯种薯种苗的二级生产繁育供应体系。

第二节　甘薯良种繁育体系建设

选用良种是改善甘薯品质和获得高产的基础，良种繁育是甘薯产业链中的重要一环。甘薯良种繁育体系建设可以为甘薯规模化生产提供足量、优质的种薯种苗，充分发挥良种的增产作用，延长品种使用年限，降低种薯种苗生产成本和价格，有利于加快良种的推广速度，促进我国甘薯产业持续健康稳定发展。

一、传统甘薯良种繁育程序与方法

长期以来，人们一直在探索简便、经济、高效的甘薯良种繁育程序与方法，旨在满足甘薯生产上对优质健康种薯（苗）的需求。我国甘薯生产上先后采用三圃制、三年两圃制、一圃制、株系循环法和四级种子生产程序等进行良种繁育。

1. 三圃制 新中国成立以来，我国甘薯生产上一直采用三圃制提纯复壮法来繁育种薯，即单株选择 — 株行圃 — 株系圃 — 原种圃。三圃制在甘薯生产中曾发挥了积极作用，但也暴露出许多弊端，主要表现为生产周期长、品种老化与退化快、繁殖系数低、遗传漂移等。

2. 三年两圃制 为了缩短种薯繁育年限，三年两圃制采用单株选择、分系比较和混系繁殖的方法，即单株选择 — 株行圃 — 原种圃。

（1）单株选择 单株选择的材料主要来源于原种圃，尚未建立原种圃的，可从无病留种田或纯度高的大田内选择。根据地上部性状和地下部结薯特征进行单株筛选，当选单株薯块编号贮藏。

（2）株行鉴定 育苗前对入选单株进行筛选，剔除伤、病薯块，不同单株薯块分开育苗；选择壮苗，在株行圃进行单行栽插；植株在封垄前，进行地上部特征和整齐度鉴定，淘汰病株、杂株和劣株；收获期进行产量调查和烘干率测定，不合格者淘汰。

（3）混系繁殖 入选的株行材料混合贮藏，翌年夏季栽种成原种圃，并在封垄期、收获期和贮藏期分别去杂去劣，保证原种质量。

3. 一圃制 一圃制良种繁育程序克服了三年两圃制投资大、成本高和生产周期长等缺陷，其技术要点为使用低代种源、分株鉴定、整株去杂和混合收获。在甘薯整个生育期，根据原品种典型性状进行鉴定，淘汰病株、杂株和劣株。

4. 株系循环法 由南京农业大学陆作楣教授于1985年针对水稻、小麦等作物提出，是对“大群体、小循环”繁育技术策略的改进，具有种子质量好、繁殖系数高、生育周期短、成本低和省工等优点。这种方法后来被应用于甘薯良种繁育，并发挥了一定作用。

5. 四级种子生产程序 农作物四级种子生产程序是1988年

由河南科技大学、河南农业大学及相关科研院所协作攻关与实践的，以优良品种的育种家种子为起点，应用重复繁殖技术路线和严格的防杂保纯措施，把繁殖种子按世代高低和质量标准分为四级，即育种家种子—原原种—原种—良种的逐级繁育程序（简称四级程序）。该程序在一定程度上促进了我国种子产业的发展，有利于构建先进的种子生产体系。张万松等（1997）用理论结合实践，总结出无性繁殖作物的四级种子生产程序，提出育种者负责生产育种家种子和原原种，主要做好分株种植和鉴定工作，为保持优良品种的典型性和纯度提供了强有力保障。随后，许多甘薯育种者认为将四级种子生产程序用于甘薯种薯生产繁育，可有效防止甘薯品种的混杂和退化，保持新品种的遗传特性，延长良种在生产上的使用年限，有利于实现选育、繁殖、推广一体化，加快甘薯种薯产业化进程（图77）。

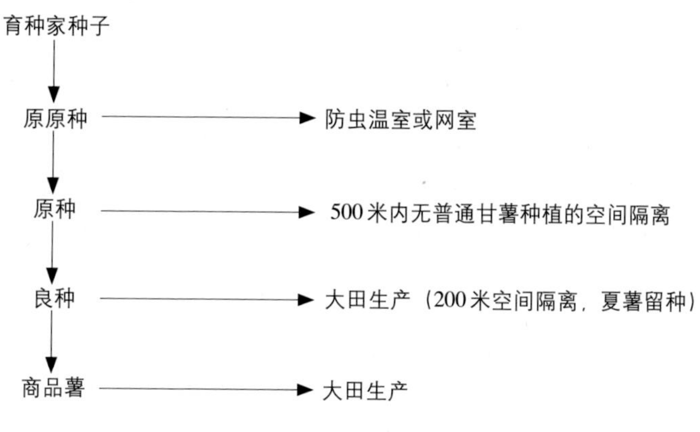

图77　甘薯四级良种繁育程序

甘薯四级良种繁育程序中，为了保证各级种薯的质量标准，将种薯繁育程序中各环节根据各单位的具体条件进行合理分工，形成育、繁、推有机结合与协同进行的繁育供种体系。

（1）建立省级育种者种子保存中心　负责育种家种子保存

以及脱毒试管苗的快繁，包括育种家种子的离体试管保存、茎尖组织培养、病毒检测及种苗质量的鉴定；负责向全省各地市提供育种者种子和部分原原种。该项工作对设备和技术要求较高，需要政府部门和科研单位合作完成。

(2) 建立市（地）级原原种繁育中心　根据当地生产需要，到省级育种者种子保存中心引进育种者种子；在防虫温室或网室内种植，生产原原种；建立保温薯窖，负责本市区内统一供种及质量检查。

(3) 建立县级原种繁育基地　根据本地生产需要，到市(地）级原原种繁育中心引进原原种，在防虫条件下育苗，在隔离区内大量生产原种，建立保温薯窖，全县统一保种和供种，同时负责本县种薯（苗）的质量监测。

(4) 建立乡级良种供种点　从县级原种繁育基地引进原种，选定种植专业户，选择肥力较好，无病虫的地块种植，选留种薯，由此供给生产者。

随着生产的发展，甘薯的四级种子生产程序也出现一系列问题，如烦琐的快繁程序使甘薯良种的推广受到限制，真正脱毒的优质种薯严重缺乏，制约了我国甘薯产业的发展，尤其是近年来甘薯病毒病对甘薯生产造成极大威胁，迫切需要建立新型甘薯良种高效繁育体系，提高种苗质量和繁殖效率，降低生产成本和种薯种苗价格。

二、脱毒甘薯二级种子生产繁育供应技术体系

缺乏充足的健康种薯已成为我国甘薯单产提高的主要限制因素，尤其是近年来甘薯病毒病快速传播对我国甘薯生产造成极大威胁，传统的四级良种繁育程序已不能满足生产需求。脱毒种薯二级良种规模化生产繁育供应技术体系（图78）具有繁育周期短，种薯质量显著优于其他繁育体系等优点，尤其适宜夏季粉虱、蚜虫高发地区采用。目前脱毒甘薯二级种子生产繁

育供应技术体系已在设施条件较好的单位大范围推广应用，应用前景广阔。

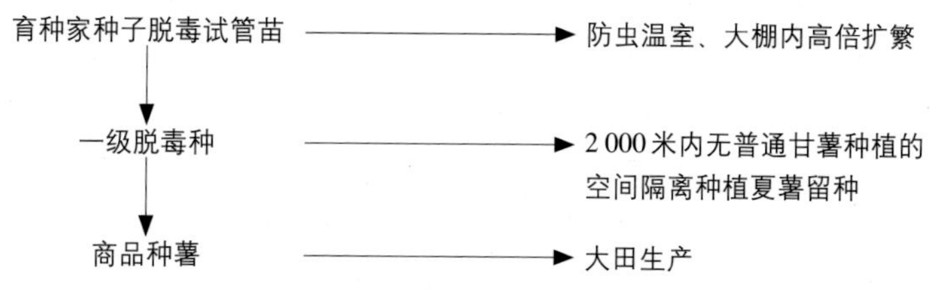

图78　脱毒甘薯二级良种生产繁育程序

二级良种生产繁育程序的技术要点如下。

（1）脱毒试管苗高倍扩繁　从有质量保证的脱毒中心引进经过病毒检测确认不带病毒的试管苗，1—5月充分利用温室、暖棚、地热等设施，加强水肥管理，进行试管苗高倍快速繁育，严格控制蚜虫、飞虱等传毒媒介。此时期最关键的环节是保证脱毒试管苗从组培室到温室的移栽成活率。

（2）建立一级脱毒种繁育基地　选择周围2 000米内无普通甘薯种植的隔离区，要求肥力中等，无病虫害，6—8月将温室、暖棚等设施内扩繁的试管苗栽插于大田，大量繁育种薯，供给生产者。

三、甘薯健康种苗在甘薯生产中的作用

甘薯健康种苗是指具有本品种特征特性、无病无伤的壮苗。甘薯健康种苗具有成活率高、还苗快、生长速度快、产量高、商品率高和品质优等特点。

大量研究结果表明，使用健康种苗可以显著提高甘薯产量，大面积应用推广甘薯健康种苗及其配套栽培技术是短时期内快速提高甘薯单产和总产，增加种植户收入的有效途径之一。根据已有研究，甘薯脱毒可以不同程度增加产量。卢春生等

(2001)研究表明使用脱毒苗可以增产30%～50%；李桂祥等(2007)的生产试验结果表明，脱毒种苗增产效果极其显著；林火亮等(2013)试验表明，使用脱毒苗可以增产10%～20%。应该注意的是，脱毒甘薯随着应用年限增加，很可能再次感染病毒，使得增产效果降低，需及时更换脱毒苗。

另外，研究表明种薯脱毒还有改善品质和增加抗性的作用。根据张海茹(2018)的研究结果，脱毒甘薯的地上部生长旺盛，光合能力强，有利于干物质形成，且薯块商品性好。

四、甘薯试管苗与脱毒苗的区别

甘薯试管苗是指生长在试管、玻璃瓶等容器中，依靠培养基等为其提供养分的甘薯苗。

甘薯脱毒苗是指用茎尖分生组织培养等技术获得，经检测确认不带甘薯羽状斑驳病毒(SPFMV)、甘薯潜隐病毒(SPLV)和甘薯褪绿斑病毒(SPCFV)、甘薯褪绿矮化病毒(SPCSV)等特定病毒的甘薯苗。

甘薯试管苗不一定是脱毒苗，只有来源于茎尖分生组织等，且经过病毒检测不带病毒的试管苗才是脱毒苗。目前，我国还没有对脱毒苗市场进行规范，有些种薯种苗企业以次充好，出售的脱毒苗实际上没有经过脱毒，只是把普通甘薯苗培养成试管苗，或者只经过茎尖培养脱毒程序，但没有进行病毒检测，其生产和销售的试管苗具有较高的带毒率，不是真正的脱毒苗。

第三节　甘薯健康种薯种苗的培育

一、甘薯健康种薯种苗标准

甘薯健康种薯种苗应该达到脱毒种薯种苗的相应级别标准(NY/T 402—2016)。根据不同级别脱毒种薯种苗对病毒感染率的不同要求，按照以下判断标准，病毒感染率超过一定标准的种薯种苗应降级使用。

1. 脱毒组培苗　样品同时利用硝酸纤维薄膜–酶联免疫吸附（NCM-ELISA）、聚合酶链式反应（PCR）、反转录聚合酶链式反应（RT-PCR）和指示植物4种方法进行检测，4种方法的检测结果均应为阴性，即允许带毒率为0。

2. 原原种　先目测调查样品的病毒显症率，然后利用NCM-ELISA或指示植物进行检测，其中至少10%的样品分别利用PCR和RT-PCR检测。允许带毒率为0，允许病毒显症率为0。

3. 原种　先目测调查样品的病毒显症率，然后利用NCM-ELISA或指示植物进行检测，其中至少5%的样品分别利用PCR和RT-PCR检测。SPFMV、SPLV、SPVG（甘薯病毒G）、SPV2和SPCFV的允许带毒率均≤2.0%，SPCSV和SPLCV的允许带毒率均为0。允许病毒显症率≤1.0%。

4. 大田用种　先目测调查样品的病毒显症率，然后利用NCM-ELISA或指示植物进行检测，其中至少1%的样品分别利用PCR和RT-PCR检测。SPFMV、SPLV、SPVG、SPV2和SPCFV的允许带毒率均≤10.0%，SPCSV和SPLCV的允许带毒率均为0，允许病毒显症率≤5.0%。

二、甘薯脱毒种薯种苗培育

1. 脱毒组培苗培育

（1）取材及预处理　取田间植株或种薯发芽材料约3厘米长的幼嫩茎尖，去除所有叶片，编号，并用橡皮筋扎好。首先用自来水加洗涤剂冲洗2～3分钟，然后加1～2毫升吐温-80试剂洗涤2～3分钟，最后用流动自来水冲洗1～2分钟。

（2）灭菌　将预处理的甘薯茎尖装入100毫升烧杯中，先用70%乙醇浸泡30秒，无菌水冲洗；再用0.1%氯化汞溶液清洗，计时5～8分钟，期间需要摇荡以促进灭菌溶液和材料表面的接触，达到好的灭菌效果。然后，倒出回收用过的氯化汞溶液，加灭菌水冲洗3～4遍，不断摇荡，去除残余氯化汞，减少对分生组织的毒害。清洗完毕后，将茎尖置于培养皿中，去除多余水分。

（3）剥尖、接种　将培养皿内茎尖置于解剖镜下，左手用镊子夹取材料，右手拿解剖刀，对包埋茎尖分生组织的叶原基进行剥离，切取带1～2个叶原基的茎尖分生组织，将剥离的茎尖接种于诱导培养基中，(28±2)℃，光照时间是12～16小时/天，光照强度2 000～3 000勒克斯。

（4）植株分化及株系分离　茎尖置于诱导培养基培养10～20天后，观察茎尖分生组织生长情况，待茎尖分生组织长到1～2厘米长时，接种于植株分化培养基。待植株形成后，以每个植株为一个株系分别进行扩繁。为保持品种种性及株系的遗传多样性，再生的株系越多越好，一般每品种应保证10个以上株系，当每一个株系繁殖有5株以上时，即可进行NCM-ELISA检测。

（5）脱毒试管苗快繁　在试管苗比较少时，切取试管苗植株为单节段，接种于快繁培养基；如果试管苗比较多，可切取再生植株中部节段腋芽进行繁殖。为保证脱毒株系的遗传多样性，一般对每个株系切取1～2段进行继代保存。

2.脱毒种薯培育　由脱毒组培苗经逐代繁殖生产出来的种薯，分为原原种、原种、生产用种。每个级别的种薯允许的带毒率和病毒显症率不同（见本节第一部分 甘薯健康种薯种苗标准）。具体培育技术见本章第四节第二部分 甘薯脱毒种薯种苗隔离繁育技术。

三、甘薯脱毒苗的检测方法

甘薯脱毒苗的检测方法可分为目测、血清学检测、分子生物学检测和嫁接检测等方法。首先采取目测法，由于脱毒组培苗和带毒组培苗在形态、长势上有明显差异，前者一般生长快、叶片平展、植株较健壮；后者一般长势弱，叶片上常出现花叶、明脉和褪绿斑等症状，因此，可先用目测法淘汰弱苗和显症苗。然后再用血清学检测或分子生物学检测的方法进行筛选，经血清学检测或分子生物学检测呈阴性的样品再进行嫁接。

第四节　甘薯脱毒种薯种苗的繁育

一、甘薯高倍快速繁育技术

1. 精选种薯　选择原品种皮色、肉色、形状等种性特征明显的种薯，要求是皮色鲜艳光滑，无病虫危害，未受冻害、涝害和机械损害，薯块大小适中的健康薯块。一般要经过窖选、消毒选、上床选。

2. 浸种消毒　集中催芽前浸种灭菌。药剂浸种常用50%多菌灵500～800倍液浸种10分钟或50%代森铵200～300倍液浸种10分钟。

3. 高温催芽　日光温室内电热温床催芽。1 000瓦电热线铺设面积为5米^{2}为宜，电热线用土或柴草均匀覆盖，严禁电热线外露和相互交叉。通电后使床温稳定在30℃，将严格挑选并分级的种薯按级别整齐地堆放于电热催芽床上。薯块堆放高度30～50厘米，四周用保温材料覆盖，保持床温在35～37℃。2～3天种薯“爆花”后，用温水淋湿薯层，保持30～33℃。每天及时向催芽床补足水分。10～12天后，待90%薯块芽长至1厘米高时，将床温降至20～25℃，分床排薯。

4. 分床排薯　排薯时，种薯头尾相连，方向一致，阳面朝上，上平下不平，长芽排边。一般每平方米排薯量在20～25千克，具体排薯量要根据选择的品种而确定。种薯排好后，用水浇透苗床，用营养土覆盖，厚度以3厘米为宜，保持床面温润、蓬松。

5. 苗床管理　种薯上床后，要合理管控温度、水分、空气、肥料等条件，创造薯块最佳生长环境，缩短育苗进程。苗床管理应以催为主，以控为辅，催控结合，看苗管理。出苗到齐苗阶段，要尽可能提高床温，减少水分蒸发，有条件的可在棚内加1层膜。苗高4厘米时，追肥补水1次，这一时期要特别注意棚内温度、湿度的控制，一般要求棚内温度在28 ～ 35℃，湿度80%左右。晴天中午应及时通风降温，防止棚温过高烧苗。苗高15 ～ 20厘米时，温度降至20℃，炼苗2 ～ 3天，即可剪苗。

6. 高剪多插快繁 将锻炼过的薯苗进行高剪，即剪去上部10 ～ 15厘米用于扦插，基部留2 ～ 3节不剪，即留高脚苗，以利数日后萌发2 ～ 3株新苗，同时，可克服传统拔苗越拔越少且携带病毒的缺点。

剪下的扦插苗在提前准备好的苗床中扦插，株距15厘米，行距20厘米，浇好水，温度控制在20 ～ 30℃，约1周后插枝生根，3 ～ 4周以后又可作为母株再次提供插枝茎段供扦插，即二次栽插。第二次剪苗每株基部再留2 ～ 3节，继续萌发新苗，以此类推。这样薯母长出的1株薯苗可剪苗20株左右，以苗繁苗，提高繁殖系数，增加薯苗供应量。

母床高脚苗和扦插苗都要加强管理。二茬及以后的各茬秧苗，每次剪苗后都应视情况追肥灌水，追肥以速效氮肥为主，每平方米追施尿素30 ～ 50克，或喷施0.5%尿素+0.2%磷酸二氢钾混合液，促苗生长，同时控制好温湿度。随着薯苗长大，应逐渐增加炼苗力度，当薯苗快达标时应停止浇水并揭膜炼苗。生产中要强调的是必须实行高剪苗，严禁贴地面剪苗，留茬高度应不低于3厘米，这样既可切断薯块病菌的传播途径，又可利于下茬苗快速成芽生长。规模化生产或多人作业时应事先对操作人员进行相关培训。

7. 泥浆蘸根 用干净泥土，加入生根剂、多菌灵或甲基硫菌灵、辛硫磷，再加水和成稀浆。将薯苗根部蘸上泥浆，整齐码放在阴凉潮湿地面，以利于薯苗锻炼生根，防治病虫害。

8. 壮苗标准 苗高20 ～ 25厘米，节间5 ～ 7个，茎粗，具有一定韧性，基部无气生根，顶三叶齐平，叶片肥厚，叶色深绿，剪口乳汁多，百株苗重600克以上，无病虫害。

二、甘薯脱毒种薯种苗隔离繁育技术

1. 脱毒组培苗离体繁育　将经过检测的脱毒试管苗在无菌条件下切成一叶一节的切段，扦插在无激素的MS培养基上，在26～28℃，14～16小时/天的光照条件下离体培养，25～30天即可长成有5～7片叶的幼苗，可以进入下一轮切段快繁。

2. 原原种繁育　脱毒甘薯原原种的繁育必须具备3方面的条件。一是栽种的苗必须是脱毒组培苗；二是必须要在防虫网棚内生产原原种，而且所用防虫网的网眼必须在50目以上；三是所用地块必须是无病原土壤，最好选用多年未栽种过甘薯的土壤。在网棚内每隔5～10米种植一些指示植物，每隔15天喷洒1次杀虫药剂，防止蚜虫、飞虱等传播病毒。原原种生产过程中要定期逐株观察是否有病毒症状，一旦发现病株要及时拔除。如果网棚内所种植的指示植物表现病毒症状，整个棚内所繁殖的种薯应降级使用。

3. 原种繁育　原种的繁育所用薯苗为原原种苗；具有500米内无普通带毒甘薯种植的空间隔离条件；所用田块至少3年以上没种过普通带毒甘薯，且为无茎线虫病、根腐病、黑斑病等的无病田。原种繁育时要密切注意防止病毒再侵染。要在繁殖田内每隔15～20米种植一些指示植物，每15天喷洒1次防虫药剂，以防害虫传播病毒。收获前要观察病毒发病情况，及时拔去病株。收获时严把质量关，不符合质量要求的薯块坚决不入库。

4. 生产种薯繁育　良种繁育必须用原种苗进行繁育；所用田块应为无病留种田，无茎线虫病、根腐病、黑斑病等病害。

第五节　甘薯健康种薯种苗规模化生产

甘薯生产一般亩用种薯50千克，种薯产量因品种而异，一般亩产种薯1 000 ~ 2 000千克，繁殖系数为种薯重量的30 ~ 40倍。针对近年来甘薯病毒病危害严重，传统四级脱毒种薯繁育周期长、繁殖系数相对较低、病毒再侵染严重的问题，在多年理论研究与实践相结合的基础上，提出了甘薯健康种薯种苗规模化生产技术规程。

一、引种

甘薯引种时，要严格执行种子检疫制度，严禁从疫区引种，防止检疫性病虫传入。只有通过严格的区试及审、鉴定或登记的品种才能称为新品种。引进未经审、鉴定（登记）的品种会给生产、加工带来隐患，故在引种时应查阅有关证书，选择经过审（鉴）定、登记的品种，同时签订购种合同，保存相关资料，避免质量纠纷。

1. 选择适宜当地生产的品种 引种前应充分了解品种的类型，结合自身加工及市场的需求，确定引进品种。此外，不同薯区所选育的品种其适宜区域不同，故宜从条件相似的薯区引进种薯，跨区引种应先进行鉴定评价，以确保产量和品质的稳定性。

2. 引进高质量的脱毒试管苗或原原种 目前，甘薯病毒病严重威胁甘薯的生产。甘薯要进行种薯规模化生产繁育，首先必须保证繁育的源头种薯种苗不带甘薯病毒。由于甘薯病毒检测比较复杂，一般单位和个人缺乏必要的检测设施和条件，不能保证引进种薯种苗的脱毒质量。因此，在脱毒甘薯生产、经营、管理还不规范的情况下，最好从确保有质量保证的单位引进脱毒试管苗或原原种薯。对引种单位要进行实地考察，了解其生产情况，有条件者可采集部分样品做进一步检测。

二、薯苗高倍快速繁育

1. 育苗 2—5月，根据育苗主体的实际需求可选用火炕、电炕、太阳能温床等进行加温育苗，温棚双膜栽培快速繁苗，采苗圃覆膜栽培等薯苗三级高倍快速繁育技术，创造适宜薯苗快速生长的环境条件，延长采苗期，尽量高倍繁育薯苗。具体技术要点参考本套丛书第三分册《甘薯绿色轻简高效栽培手册》。

2. 春秋棚采苗圃高倍繁苗　将温室内的脱毒苗或原原种苗在春秋棚内进一步高倍繁育。棚土选择土质肥沃疏松，浇水方便的无病菜园土，亩用纯氮20 ~ 30千克，与土壤充分混匀后建成精细平顶小垄，垄距40 ~ 50厘米，垄顶宽 20厘米，沟深15厘米，先覆地膜压实，后移栽。秧苗长10 ~ 15厘米，栽前先用50%甲基硫菌灵可湿性粉剂300 ~ 500倍药液浸泡苗基部5厘米以下部位10分钟，单垄双行三角形栽插，株距10 ~ 12厘米，栽苗时穴施70%吡虫啉粉剂120 ~ 150克，栽后浇足水，封窝压实，返苗后，要因时因地因苗情，适量追肥浇水。薯苗长势4 ~ 5叶时打顶摘心，促腋芽生长成苗，供剪苗扦插繁种田用苗。

3. 繁种田制种

（1）繁种田选择　繁种田尽量选择气候冷凉地区，周围无高大障碍物，通风透光良好，蚜虫和粉虱较少，要求周边1 000米内无商品甘薯种植，所用地块土层较厚、沙性土质、排灌方便，至少5年以上没种过甘薯，无茎线虫病、根腐病、黑斑病和小象甲。

（2）抢时扦插　前茬作物收获后，抢时整地起垄，起垄时每亩撒施3 ~ 5千克5%辛硫磷或毒死蜱颗粒剂，防治地下害虫。根据土壤肥力条件每亩施有机肥2 000 ~ 3 000千克或纯氮10 ~ 15千克，硫酸钾15千克，过磷酸钙30千克。选用15 ~ 20厘米长的源于采苗圃的蔓头苗，既能发挥顶端优势，又能减轻病虫害传播。前期扦插宜平浅，争取单株多结薯；后期扦插宜直栽，争取提高单薯块重。栽苗时穴施70%吡虫啉粉剂120 ~ 150克防治蚜虫和飞虱等传毒媒介。繁种用甘薯的扦插密度较高，根据品种特性一般每亩栽3 500 ~ 4 000株。扦播期越早越好，北方薯区最迟不晚于每年的7月30日。

（3）繁种田病虫害防控　病虫害防控是决定种薯质量的最关键环节。种薯繁育过程中按上述规程操作可有效控制甘薯根腐病、茎线虫病和黑斑病的危害。但仍需严格控制病毒病的发生及传播。薯苗高倍繁育及种薯田种植过程中，要勤检查植株生长发育情况，发现异常植株需及时清除。为控制蚜虫、粉虱等传毒媒介的危害，采苗圃和种薯繁育田尽量设置粘蚜板（图79、图80、图81）。栽苗时穴施70％吡虫啉粉剂120～150克，苗期喷洒1 000～1 500倍的3％吡虫清乳油，成株期喷洒1 500～2 000倍的3％吡虫清乳油，每隔10天左右喷洒1次。

图79　网室繁殖田

图80　大田繁殖田

图81　粘蚜板防治蚜虫

4. 收获与安全贮存

(1) 收获时间及要点　种薯因需长期安全贮存，必须做到及时收获。当地霜降前，日平均气温达到12 ~ 15℃时，选晴天上午及时收获。收获时要轻刨、轻装、轻运、轻放，防止破伤。收获后经田间晾晒，当天下午入窖，尽量避免在室外过夜。

(2) 包装运输　种薯应采用筐、箱、袋等容器装运。使用旧容器包装时，必须用肥皂水或磷酸皂药剂消毒旧容器。不同品种以及不同级别的种薯一同运输时，严防混杂，对包装外无法确认的种薯一律作杂薯处理。种薯运输过程中，还应防止机械碰伤、防雨、防热、防10℃以下冷害和冻害。

(3) 安全贮存　根据当地条件选择建设井窖、砖拱窖、大屋窖、崖头窖等各种贮藏窖类型。贮藏前，贮藏窖应彻底清扫消毒。选择健康种薯贮藏，贮藏时应据实际情况通风增氧。贮藏温度宜为10 ~ 12℃，湿度宜为80% ~ 95%，但不同甘薯品种其最适贮藏湿度不同。

三、加工企业原料基地种薯种苗生产

目前，我国很多甘薯加工企业没有固定的原料生产基地，从而造成甘薯原料质量参差不齐、供应不足，加工产品质量不能保证。加工企业对甘薯原料的选择较严格，因此，种植者必须选种对应的专用型甘薯品种。如淀粉加工用品种，淀粉含量一般应在18%以上；薯条、薯脯加工用品种一般要求品种可溶性固形物含量高，加工出成率高，产品口感柔韧，色泽鲜亮，透明度好，薯块重量为0.25千克以上、无虫眼、无病害、薯皮光滑；烘烤型品种要求薯形好、糖化速度快、可溶性固形物含量高、黏度适中。

为了我国甘薯产业的可持续发展，加工企业应将原料生产放在首位。因此，如何采取有效手段保证原料的质量，生产出优质甘薯原料，是加工企业发展的重中之重。加工企业原料基地种薯种苗规模化生产技术应注意以下几个环节。首先，根据企业发展的需求，选择适宜企业加工和当地生产的甘薯品种，从有质量保证的科研和种子管理部门引进脱毒原原种薯或健康种薯；其次，根据企业发展的需求，选择用火炕、电炕、太阳能温床等进行加温育苗，温棚双膜栽培快速繁苗，采苗圃覆膜栽培等薯苗三级高倍快速繁育技术，延长采苗期，进行高倍繁育薯苗；最后，与种薯种苗企业、育苗大户比较，以加工企业为主体的繁种田相对宽松，一般周边1 000米内无商品甘薯种植，至少5年以上没种过甘薯，无茎线虫病、根腐病、黑斑病和小象甲。

四、种薯种苗企业的生产

根据市场发展需求，甘薯种薯种苗企业以经营鲜食型甘薯品种为主，其销售群体一般为种植大户、农民。因销售群体面向社会，为保证甘薯种薯种苗企业的健康持续发展，必须将健康种薯的生产放在企业发展的首位。种薯种苗企业在甘薯种薯种苗的规模化生产中应注意以下环节。首先，根据市场需求，确定种植的甘薯品种，从有质量保证的科研和种子管理部门引进脱毒原原种薯或健康种薯；其次，根据品种确定不同的育苗场所和制种田，防止甘薯品种间病害的传播；再次，在育苗和种薯生产中，应加强病虫害的防控，保证甘薯种薯的质量；最后，在种薯贮藏过程中，特别注意不同品种应标有明显标识，防止种薯混杂错乱。

五、种植大户种薯种苗的应用和生产

随着科技的发展，在我国的甘薯种薯种苗生产中，由农民自繁自育的生产模式转变为种植大户、企业集中生产的模式。甘薯种植大户的健康种薯种苗规模化生产与种薯种苗企业较类似，首先根据市场需求选择适宜的品种，在甘薯种薯种苗的规模化生产环节中参照种薯种苗企业繁育程序，才有利于甘薯种植大户的长期发展。在甘薯种薯种苗的规模化生产中应注意以下环节，首先，确定种植的鲜食型甘薯品种，每年从有质量保证的科研和种子管理部门引进部分脱毒原原种薯或健康种薯；其次，尽量根据品种确定不同的育苗场所和制种田，防止甘薯品种间传播病害；最后，在育苗和种薯生产中加强对病虫害的防控。

第六节　甘薯脱毒种薯种苗的调运

一、甘薯脱毒种薯种苗调运原则

1.严格执行检疫制度，严禁从疫区调运种薯种苗　为保证甘薯脱毒种薯种苗的质量，甘薯生产上所用种薯种苗在跨区调运之前，为防止病害传播，须严格执行检疫制度，严禁从疫区调运种薯种苗。在无检疫对象发生地区，凭《植物检疫证书》进行调运。在零星发生检疫对象地区调运，凭产地检验合格证及《植物检疫证书》进行调运。产地检疫对象不清楚时，须按照《农业植物调运检疫规程》经过现场检验和室内检验合格后，方可凭《植物检疫证书》进行调运。

2.保证种薯种苗安全快捷到达目的地　甘薯种薯种苗均为鲜货，含水量大，容易腐烂变质，调运过程中对温度、湿度、机械损伤等外界条件非常敏感，调运时应注意选用最快捷方便的运输方式，控制适宜的温度、湿度，保证空气流通，尽量减少机械损伤，以保证种薯种苗安全迅速到达目的地。

二、甘薯脱毒种薯种苗调运方式方法

1.铁路运输　20世纪80—90年代，甘薯种薯种苗调运以铁

路运输为主，尤其在每年的4月上旬至5月下旬，东北的大连、葫芦岛、阜新、朝阳、沈阳等地通过铁路运输从山东、河南、河北调运大量的种薯、种苗，种薯包装以塑料编织袋和网袋为主，薯苗多用麻袋、塑料编织袋和纸箱包装。但铁路运输比公路运输多了一次装车、卸车的转运工序，有时还需在车站停留待运，中间环节多，容易使种薯种苗遭受冷害、高温和机械损伤，安全系数相对较低。

2. 公路运输 近年来，我国高速公路发展迅速，公路运输可减少许多中间环节，机动灵活，运输时间短，因此，公路调运已成为目前我国甘薯种薯种苗调运的主要方式。大量种薯种苗调运以汽车直运为主，少量种薯种苗调运以物流配货和快递为主。短途运输重点要防止日晒、雨淋，长途运输重点要防冻保温或降温。

3. 水上运输 水上交通发达地区可选择船运方式调运种薯种苗，但与公路运输方式比较，也多了一次装车、卸车转运的工序，机械损伤相对增多。

4. 航空运输 航空运输虽然有快速、保鲜的优势，但由于价格高昂，不适于大宗种薯种苗的调运。

三、甘薯脱毒种薯种苗调运技术

1. 种薯调运

（1）温度控制 若在寒冷冬季用汽车运输，使甘薯环境温度不低于10℃的难度较大，但短时间温度低于9℃对甘薯影响不大，1～2天内最低温度不能低于8℃。运输时，不仅要注意选择晴暖天气，还要注意运输目的地的天气情况，以运到后当地气温在9℃以上、最低不低于6℃较为适宜。

（2）装车 装车前，先用帆布篷或棉被衬在车底和车厢四周，再在车底及车厢四周衬上1～2层草苫或稻草、谷草等秸秆，然后再码放种薯。若是袋装种薯，最好是每2～3层种薯货袋上放一层草苫。每层要整齐排实，轻装、轻卸，防止断薯、伤皮，装满后表面再放1～2层草苫，草苫上再盖一层帆布篷，温度低时加盖棉被，用绳固定好即可（图82、图83）。若用厢式货车运输时，可省去帆布篷保护层，但必须加衬草苫保护层，温度低时加盖棉被。

图82　装　车

图83　保　温

经上述保护处理，既可保证运输途中温度不会降至过低，还可减少汽车颠簸引起的震动摩擦。

2. 种苗调运

（1）秧苗预冷　将采后的秧苗每100株一捆整齐扎捆，放在地窖等阴凉通风的地方，单排散开站立排放，空气温度保持在15℃以下，至少预冷12小时以上。有条件的可采用冷库预冷，将秧苗用纸箱、编织袋、麻袋等包装紧实，码放在冷库中，温度8～10℃，空气以1～2米/秒的流速在库内和容器间循环。

（2）装车运输　装车时如果散装，种苗要有序摆放，长途运输时，最好去掉多余的薯叶，以防途中生热，发霉。薯苗不能堆积得太高，否则会压坏下层薯苗，一般单层堆积高度不超过1米较为适宜；如果用容器包装，用纸箱和麻袋最佳，其次可用低密度的塑料编织袋，码垛时注意大不压小、重不压轻，最多不超过5个麻袋高度，以防过度负荷造成机械创伤和互相挤压，通风性差，散热性能不好会导致薯苗发黄变质，可以通过加装木制框架促进通风散热（图84）。当室外气温超过30℃，运

图84　框架散热

图85　通气管

输时长超过8小时时，每隔2米必须配置通气笼（管）(图85)和冰袋降温。装车完毕，外层用草毡防雨布封闭，防止风吹、日晒和雨淋。

(3) 及时卸车　薯苗到达目的地后，要及时卸车，在阴凉潮湿之处，薯苗单捆单排站立存放。短期栽不完时，可在阴冷处地面堆潮湿的沙子，将薯苗基部埋入湿沙中恢复生长，3天内栽完可保证种苗较高成活率。

（王庆美　曹清河　李爱贤　等）

主要参考文献

李桂祥，仲秀娟，赵苏海，等，2007. 脱毒甘薯种苗在农业生产上的应用[J]. 现代农业科技(14): 126.

林火亮，谢双棋，2013. 脱毒甘薯优点及高产栽培技术[J]. 福建农业科技 (6): 20-21.

卢春生，杨立明，2001. 脱毒甘薯的增产机理及高产栽培技术[J]. 种子科技 (6) : 368-369.

宋伯符，王胜武，谢开云，1997. 我国甘薯脱毒研究的现状及展望[J]. 中国农业科学(6) : 43-48.

王林生，孔祥生，2002. 论甘薯四级种子生产程序及繁育供种体系[J]. 种子(6): 61-62.

邢继英，杨永嘉，孙爱根，等，1999. 黄淮流域甘薯脱毒种薯培育规程、分级标准及繁育体系[J]. 安徽农业科学(5): 435-437.

张海茹，张秀艳，李林俊，2018. 脱毒对甘薯形态特征及产量的影响[J]. 安徽农业科学(5): 47-48, 90.

张立明，王庆美，王建军，等，1999. 脱毒甘薯种薯分级标准和生产繁育体系[J]. 山东农业科学(1): 24-26.

张万松，陈翠云，王淑俭，等，1997. 农作物四级种子生产程序及其应用模式[J]. 中国农业科学(2): 27-33.

张雄坚，房伯平，陈景益，等，2004. 甘薯脱毒苗不同繁育方式生产比较试验[J]. 广东农业科学(2):11-13.